AI超能搭档

DeepSeek+智能体实战手册

PMO前沿专家团队　编著

电子工业出版社·
Publishing House of Electronics Industry
北京·BEIJING

内 容 简 介

本书为零基础读者量身打造，采用"知识科普+工具拆解+场景实战"的方式，带领读者轻松掌握 DeepSeek、Manus 和 Coze 的使用技巧。同时，详细解读 DeepSeek 与豆包、剪映、WPS 等 9 款常用工具的组合使用方法。本书适合希望借助 AI 优化日常生活的普通用户、寻求职业突破的职场人士，以及关注前沿技术应用的学生阅读。

图书在版编目（CIP）数据
AI 超能搭档 ：DeepSeek+智能体实战手册 / PMO 前沿
专家团队编著. -- 北京 ：电子工业出版社，2025. 5.
ISBN 978-7-121-50233-0

Ⅰ．TP18

中国国家版本馆 CIP 数据核字第 20252HL887 号

责任编辑：郑柳洁
印　　刷：三河市双峰印刷装订有限公司
装　　订：三河市双峰印刷装订有限公司
出版发行：电子工业出版社
　　　　　北京市海淀区万寿路 173 信箱　　　　　邮编：100036
开　　本：720×1000　　1/16　　印张：12　　　　字数：201.6 千字
版　　次：2025 年 5 月第 1 版
印　　次：2025 年 5 月第 1 次印刷
定　　价：69.00 元

凡所购买电子工业出版社图书有缺损问题，请向购买书店调换。若书店售缺，请与本社发行部联系，联系及邮购电话：（010）88254888，88258888。
质量投诉请发邮件至 zlts@phei.com.cn，盗版侵权举报请发邮件至 dbqq@phei.com.cn。
本书咨询联系方式：（010）88254360，zhenglj@phei.com.cn。

前　　言

我们正处于一场深刻的技术变革之中。人工智能（AI）已从科幻概念发展为驱动社会进步的核心技术，它不仅重新定义了工具的边界，更彻底改变了人与技术的协作模式。面对这场变革，人们不禁思考：如何真正理解 AI？如何高效驾驭 AI？如何在 AI 时代找准自身定位？

本书的诞生，正是为了解答这些问题——它并非一本艰深的技术理论著作，而是一本聚焦实战的指南，旨在帮助读者将 AI 技术转化为实际生产力。

为什么选择这本书

在信息过载的当下，关于 AI 的讨论虽多，但碎片化的知识往往让人陷入"知易行难"的困境。本书介绍了 DeepSeek、Manus 和 Coze 这三款智能工具的独特魅力与多场景应用，以及它们在各领域展现的强大功能。本书不仅以通俗易懂的方式讲解这些工具，还给出了详细的操作步骤，助力读者快速上手并将其巧妙应用到实际生活中。本书的写作目标是帮助读者迅速掌握这些工具的使用方法，让它们在读者的生活、工作与创意领域充分发挥价值。本书具有以下特色。

（1）**场景化实战**。本书介绍 DeepSeek 与豆包、即梦、剪映等 9 款常用工具的组合使用方法，帮助读者一键生成文案、图片、视频等内容，大幅提升读者的创作效率。在应用场景上，本书内容涵盖生活、工作、创意及 AI 编程等多个领域。无论读者是想科学减肥、合理规划投资理财，还是完成工作周报、进行数据分析，抑或是创作短视频脚本、撰写公众号推文，甚至开发小游戏，都能在书中找到对应的实用方法与指导。

（2）**智能体搭建**。Manus 堪称全能助手。本书通过案例，细致拆解 Manus 的操作流程，让读者了解 Manus 的运行机制与操作步骤。本书详细介绍了 Coze 工作流的搭建流程及关键组件，深度解读了"儿童成语卡片"、"每日 AI 快讯"智能体和"智能面试官"智能体的搭建过程，帮助读者快速上手，学会搭建自己的智能体。

无论是职场人士、创业者、自由职业者，还是技术爱好者，均可通过本书找到适配自身需求的实用策略。

本书主要内容

全书共 7 章，内容层层递进，全面解析智能工具的基础知识和场景应用。

第 1 章"AI 智能工具基础入门"。本章介绍 DeepSeek 与智能体的核心功能，为读者夯实技术应用基础。

第 2 章"提示工程"。本章从基础指令讲起，逐步过渡到高阶框架，帮助读者掌握与 DeepSeek 高效协作的"沟通语言"，使工具效能最大化。

第 3 章"DeepSeek 与 9 款工具协同实战"。本章介绍 DeepSeek 与豆包、剪映、Xmind 等工具的组合应用，帮助读者一键生成高质量文案、图片和视频，提升复杂任务的执行效率。

第 4 章"DeepSeek 全场景应用实战"。本章聚焦生活（科学减肥、投资理财等）、工作（生成工作周报、数据分析等）、创意（制作短视频脚本、公众号推文写作）、AI 编程（游戏开发等）四大场景，直击读者痛点并提供快捷的操作流程，助力读者在生活和工作中应用 DeepSeek。

第 5 章"从 0 到 1 搭建 Manus 智能体助手"。本章使用 Manus 从零开始定制 AI 助手，覆盖出行规划、保险理财分析等个性化需求，让读者体验自动化协作的高效性。

第 6 章"从 0 到 1 搭建 Coze 智能体助手"。本章介绍如何通过 Coze 搭建工作流、"儿童成语卡片"智能体、"每日 AI 快讯"智能体和"智能面试官"智能体，实现任务自动化与跨平台协作。最后，介绍"扣子空间"相关内容。

第 7 章"智变浪潮：AI 如何重塑职业未来"。本章解析 AI 技术对职业生态的重塑逻辑，为读者的个人发展提供方向性指导。

读者服务

AI 技术迭代迅速，单一学习路径已无法满足需求。为此，笔者构建了以下多维学习支持体系。

（1）**动态知识库**：定期更新 DeepSeek、Manus、Coze 等工具的新功能解读与扩展案例。

（2）**互动社区**：创建读者社群，读者可与行业从业者交流经验，获取专家实时答疑信息。

（3）**实战赋能**：举办线上训练营与案例挑战赛，帮助读者将理论转化为解决问题的能力。

欢迎读者关注"PMO 前沿"公众号，回复"50233"，获取本书电子资源。

现在，开启行动

AI 并非遥不可及的未来科技，而是当下触手可及的效率工具。通过学习本书内容，读者将实现从"被动适应"到"主动驾驭"的转变，而这种转变可以为不同领域的读者带来切实的改变。

- 职场人士可自动化处理重复性工作，专注战略决策与创新。

- 内容创作者能借助 AI 突破灵感瓶颈，高效产出高质量的作品。

未来属于善用技术的人，而你，已握紧通向未来的钥匙。让我们以专业为锚，以实践为帆，共同探索 AI 时代的无限可能。

作者

目　　录

1

AI 智能工具基础入门

本章聚焦人工智能时代的核心协作工具，构建从理论认知到实践操作的完整学习闭环。首先，通过 DeepSeek 基础操作介绍大模型交互逻辑，快速实现内容生成与知识整合；然后，通过 AI 智能体核心概念解析智能系统的工作原理，为工具协同奠定理论基础；最后，通过 Coze 与 Manus 的基础入门，系统介绍任务自动化与 AI 工作流构建。本章以"认知—工具—场景"为主线，帮助读者在掌握单工具操作的同时，理解 AI 协作的底层逻辑，最终实现从工具使用者到智能生态构建者的能力跃迁。

1.1 DeepSeek 快速入门

1.1.1 DeepSeek 是什么

DeepSeek 是由杭州深度求索公司研发的新一代智能交互平台。它整合了先进的自然语言处理、实时推理技术，为个人用户和企业提供全方位的 AI 解决方案。

这款智能工具最显著的特点就是自然语言智能识别。DeepSeek 就像你身边的一位得力助手，能够轻松理解并满足你的各种日常需求。无论是"帮我总结这篇报告"这样的文档处理，还是"分析上个月的消费数据"这类数据分析，它都能快速响应，准确执行。

DeepSeek 的优势如下。

（1）支持自然语言指令，就像和朋友聊天一样简单。

（2）覆盖文档处理、数据分析、信息检索等功能。

（3）学生、职场人士、家庭主妇等人群都能轻松使用。

（4）无须安装，网页端和移动端随时可用。

1.1.2 找到你的 AI 小伙伴

1. 打开网页

在浏览器地址栏输入 DeepSeek 官方网址（如果记不住，那么直接在百度中搜索"DeepSeek 官网"也能找到），电脑端展示界面如图 1-1 所示。

图 1-1

2. 注册/登录账号

单击"开始对话"按钮，进入账号登录页面，支持手机验证码登录或扫码登录等方式，如图 1-2 所示。

图 1-2

3. 完成登录

自动进入主页面，看到对话框便可开始使用了，如图 1-3 所示。

图 1-3

界面功能说明如下。

（1）**"深度思考"模式**：切换至 R1 模型，支持复杂逻辑推理（如战略规划、数据分析）。

（2）**"联网搜索"开关**：开启后可以实时获取最新数据（如新闻、股票、行业报告）。

（3）**文件上传**：支持.pdf、.docx、.txt、.xlsx 等格式。

1.1.3 DeepSeek 能帮你做什么

DeepSeek 是一款智能办公助手，能帮你处理文档、分析数据、解答问题，像同事一样理解你的需求。各种人群都能用它快速搞定复杂任务，例如，学生写作业、上班族做报表、商家管理库存。DeepSeek 常见的功能及应用场景如表 1-1 所示。

表 1-1

功 能	能帮你做什么	常用场景	操作示例	支持的内容格式
智能问答	解答常识问题和专业咨询	辅导孩子写作业、查询政策、生活百科	"用买菜的例子解释什么是通货膨胀"	文字输入、语音提问
文档处理	总结文章、翻译文件、整理会议记录	写论文、处理合同、整理访谈录音	"把这篇 3000 字的报告缩成 500 字要点"	Word、PDF、PPT、TXT
数据分析	分析数据并生成图表	统计考试成绩、分析店铺销量、记账	"用折线图展示过去半年的水电费变化"	Excel、CSV、图片中的表格
代码辅助	写简单程序、找代码错误	做课程设计、写办公自动化脚本	"写一个自动整理微信文件到文件夹的代码"	Python、JavaScript 等常见编程语言
内容创作	生成广告文案、视频脚本、社交图文	撰写小红书文案、做商品海报、写短视频台词	"写三句中秋节月饼礼盒的促销文案"	文字描述生成图文方案

1.1.4 DeepSeek 初体验

在日常生活中，DeepSeek 如同一位贴心的智能伙伴，随时为你排忧解难。下面笔者通过生活场景，让你真切了解它的功能和效果。

周末将至，想和家人办一场温馨又有趣的家庭聚会，却不知道如何规划？别着急，打开 DeepSeek，输入"为五口之家（有老人、中年夫妻及两个小孩）策划本市周末聚会，预算 1000 元"。

（1）**操作要点**：在对话界面中，清晰地阐述参与人员、预算金额、聚会地点等关键信息，让 DeepSeek 精准理解你的需求。

（2）**输出结果**：DeepSeek 快速生成如下详细方案，推荐配备亲子游乐设施且门票性价比高的公园，明确标注老人休息区域和孩子喜爱的游乐项目；推荐公园附近特色鲜明又价格实惠的餐厅，详细介绍招牌菜品与人均消费；提供交通出行建议，开车出行时告知停车场位置及收费情况，选择公交则说明具体线路与换乘站点。

> **周六安排**
>
> 上午：自然休闲
> - 活动：市郊生态公园野餐+徒步
> - 费用：门票免费，野餐食材自制（三明治、水果、零食等）约 80 元。
> - 亮点：老人散步，孩子观察自然，家庭拍照。
>
> 午餐：本地特色餐馆
> - 选择：老字号中式餐厅（提供适合老人的软烂菜品）。
> - 费用：5 人套餐约 200 元（含儿童餐）。
>
> 下午：亲子互动
> ……

（3）**进阶技巧**：进一步询问各活动的最佳时间安排，例如，上午几点去公园能避开人流高峰，何时预订餐厅能获得理想位置，从而让行程更加紧凑合理。

（4）**注意事项**：切勿将需求描述得过于模糊，若只说"策划周末聚会"，那么因缺乏人员、预算等关键信息，DeepSeek 给出的方案可能难以符合预期。

从以上生活案例不难看出，DeepSeek 就像你手机里的全能小秘书，能写、能算、能聊天。只要你说清楚需求，它就能帮你省时间。刚开始用 DeepSeek 可能有点懵，多试几次就会发现它的神奇！

试试在 DeepSeek 的输入框中输入："以旅行达人身份写一篇上海迪士尼攻略，包含省钱技巧和隐藏玩法"，看看 DeepSeek 如何惊艳你！

1.2　AI 智能体及应用介绍

AI 智能体（下文简称智能体）作为数字世界的"瑞士军刀"，正在重塑人机协作范式。本节将系统解析智能体技术的"认知—原理—实践"全链路，从基础概念到基本原理，再通过场景案例演示基本过程，助你快速了解智能体及其应用的关键方法。

1.2.1　初识智能体

1. 智能体的含义

智能体是具备自主环境感知、决策制定与行动执行能力的智能系统，通过模拟人类认知过程实现任务闭环。智能体就像一个"小助手"或者"自动化员工"，能够自主接收信息、分析情况，并作出决策，而不需要人一直手动控制。就像扫地机器人，它可以感知环境，用摄像头或传感器检测房间障碍物，并做出决策，判断下一步往哪走最合适，最后采取行动，向目标方向移动，边走边扫地、拖地。

2. 智能体的发展阶段

智能体从"机械执行者"向"社会协作者"进化，逐步实现从简单应答到复杂系统管理的跨越式发展，笔者将其演进发展分为如下 5 个阶段。

第 1 阶段：规则驱动

基于预设逻辑规则和专家系统，通过人工编写的决策树实现有限场景的任务执行，主要应用于工业自动化控制（如汽车装配线）和结构化决策场景（如银行信贷审核）。其特点是响应稳定但灵活性不足，依赖人工维护知识库。

第 2 阶段：感知增强

通过传感器融合与模式识别技术，实现对物理环境的感知与基础交互，典型应用包括基于计算机视觉的安防监控、语音控制的智能家居设备。技术突破在于将物理信号转化为可处理的数据，但语义理解和复杂决策能力有限。

第 3 阶段：认知突破

借助深度学习和自然语言处理技术，初步实现语义理解与知识推理，典型代表如智能客服系统、教育领域的自动批改工具。其核心进步在于能够处理非结构化数据（文本或图像），但仍需人工设定任务框架。

第 4 阶段：自主决策

通过强化学习与动态环境建模，实现在开放环境中的实时决策，如自动驾驶车辆的道路规划、仓储物流机器人的路径优化。技术重心转向多目标权衡与不确定性管理，但仍存在长尾场景适应性问题。

第 5 阶段：社会协作

以多智能体协同与跨系统集成为方向，探索人、机、物融合的复杂系统管理。当前处于技术验证期，重点突破方向为价值对齐与群体智能涌现机制。

读者从以上介绍中可以了解智能体的演进脉络，从确定环境中的机械执行，到开放环境中的自主适应，最终向多元主体协同共创发展，各阶段技术均以突破特定维度的能力瓶颈为目标，共同推动智能体从工具向协作者进化。

3. 应用场景

智能体被广泛应用于个人助理、企业服务、医疗等八大领域，通过多模态交互、智能算法、物联网等技术，实现效率提升、成本降低和服务优化。智能体的应用场景分类如表 1-2 所示。

表 1-2

场景分类	典型应用案例	技术支持	价值体现
个人助理	智能日程管理、健康监测、旅行规划	多模态交互、自然语言处理	提升生活效率，实现个性化服务
企业服务	客服自动化、财务对账机器人、简历筛选	RPA 流程自动化、知识图谱	降低人力成本，提高业务处理准确性
医疗	定制学习计划、辅助疾病诊断	医学知识库、自适应学习算法	打破资源壁垒，提升医疗诊断效率

续表

场景分类	典型应用案例	技术支持	价值体现
科研创新	实验数据分析、新材料分子结构设计	量子计算模拟、强化学习	加速科研进程，突破传统研发瓶颈
智慧城市	交通信号智能调控、公共安全异常监测	物联网传感器、边缘计算	优化城市资源配置，保障居民生活安全
金融服务	智能投顾、反欺诈监测系统	实时数据抓取、风险评估模型	提升金融服务精度，防范系统性风险
制造业	工厂设备预测性维护、质量检测机器人	数字孪生、计算机视觉	减少停机时间，提升产品良品率
农业科技	精准灌溉系统、病虫害识别预警	卫星遥感、生物识别技术	优化资源利用，保障粮食生产安全

1.2.2 智能体的工作原理

1. 基本决策流程：感知—规划—行动

智能体的基本决策流程可以概括为 3 个核心步骤：感知、规划和行动，如图 1-4 所示。

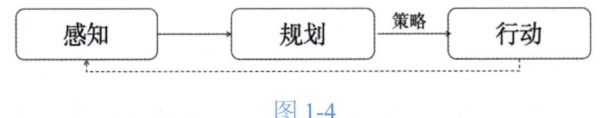

图 1-4

（1）**感知**：感知是指智能体通过多模态传感器（如摄像头、麦克风、激光雷达）实时采集环境数据，经过降噪、特征提取等预处理步骤，构建数字孪生环境模型的能力。例如，自动驾驶的智能体通过摄像头识别交通标志，结合激光雷达点云数据构建 3D 道路模型，实现对周边车辆、行人的精准定位。

（2）**规划**：规划是指智能体通过任务分解算法（如思维链）将复杂目标拆解为可执行的子任务序列，并运用决策模型（如马尔可夫决策过程）选择最优行动方案的过程。例如，物流配送智能体在遇到交通管制时，会自动触发路径重算机制，通过智能体算法生成备选路线并评估各方案的时效性。

（3）**行动**：行动是指智能体通过执行接口（如机械臂控制 **API**、**RPA** 机器人）完成物理或数字操作的能力。例如，工业质检智能体会根据规划指令，控制机械臂抓取工件至检测工位，通过视觉系统完成尺寸测量后，将数据回传至质量监控平台。

2. 核心能力：规划、记忆、使用工具、行动

智能体具备规划、记忆、使用工具、行动共 4 个核心能力，自主性显著增强，能够自动地完成连续任务，如图 1-5 所示。这些能力也在智能体开发平台中被广泛应用。

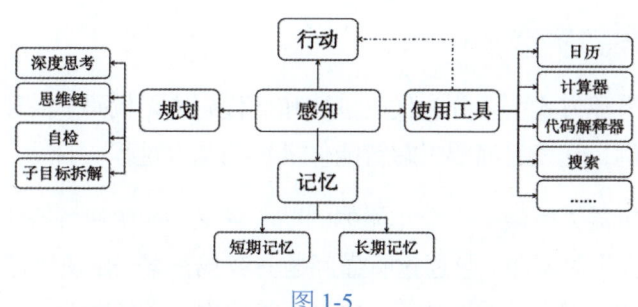

图 1-5

（1）**规划**：智能体的规划能力指的是它具有的思考并决定采取哪些行动的能力。这种能力可以分为多个维度和层次，包括任务分解、多方案选择、外部模块辅助规划、反思与优化和记忆增强规划等。规划能力的实现来自对大模型的调用。对大模型来说，进行长期规划和推理是一项具有挑战性的任务，也正因此衍生了提示工程、工作流模式等来优化大模型的规划能力。

（2）**记忆**：智能体的记忆能力能够帮助其在多轮对话中保持上下文连贯性，并且在处理复杂任务时积累和调用历史信息。记忆可以分为短期记忆和长期记忆两种类型。

- **短期记忆**用于处理当前的任务和上下文信息。智能体的思考过程、任务规划、任务返回的结果都属于短期记忆。

- **长期记忆**用于存储更持久的信息，如用户输入的地址、电话等信息。这些信息可以通过数据库存储，也可以通过私有知识库存储。长期记忆一

般通过向量数据库进行外部向量存储和快速检索。

（3）**使用工具**：智能体具有通过多种方式使用工具的能力，最常见且最方便的是调用 API，实现不同系统之间的通信和数据交换。在智能体开发平台上，插件、工具或组件都可以被认为是 API。

（4）**行动**：行动能力是指智能体将规划、记忆和使用工具的能力转换为实际结果的能力。行动能力包括执行动作的能力和与环境交互的能力。执行动作的能力是指智能体根据规划好的策略和步骤执行相应动作的能力。与环境交互的能力是指智能体与其他实体进行交互与协作的能力。

1.2.3 智能体初体验

智能体的搭建方式主要分为代码搭建和低代码（无代码）搭建，这里以智能客服机器人为例，让读者简要了解智能体搭建的基本过程。

智能客服机器人就像一个全年无休的贴心管家，能快速解答快递查询、退换货申请、订单咨询等问题。它通过听懂问题→查找答案→解决问题→自我升级的闭环流程，自动完成常见问题解答，提高应答效率。搭建智能体的基本思路和流程如下。

1. 智能体搭建 5 步法

通过明确任务边界、数据驱动决策、逻辑化分析、分级执行任务和自主学习，实现高频场景快速响应与复杂问题智能转接，并基于日志反馈持续优化策略，形成闭环智能服务。

明确任务边界，指定义清晰的任务边界（如只处理简单问题）。

数据驱动决策，指依赖用户画像、对话内容分析等信息做决策。

逻辑化分析，指用简单逻辑处理高频场景（如订单查询）。

分级执行任务，指依据复杂与紧急程度分级执行任务，实现灵活响应。例如，简单问题由智能客服机器人处理，复杂问题自动转人工客服。

自主学习，指智能体通过分析日志数据、识别问题、制定改进措施，持续优化策略的过程。

2. 智能体搭建步骤解读

第 1 步：明确任务边界。

明确任务边界是智能体搭建的第 1 步，它涉及对服务范围、响应规则及特殊指令的清晰界定。服务范围决定智能体能够处理哪些类型的用户请求；响应规则规定智能体在不同情况下的处理速度和方式；特殊指令针对特定场景或需求，为智能体提供额外的操作指导。举例说明如下：

服务范围，如处理订单查询、引导退货流程、不处理需要人工介入的财务退款。

响应规则，如简单问题 30 秒内回复、复杂问题自动转接人工客服、夜间仅处理高频问题。

特殊指令，如促销期间增加活动话术、优先标记投诉类问题。

第 2 步：数据驱动决策。

数据驱动决策是智能体实现精准服务的关键。它涉及构建用户画像，通过收集和分析用户的基本信息、历史行为等数据，深入了解用户需求和偏好。

在掌握了足够的数据后，智能体需要运用逻辑化分析来处理用户消息。

第 3 步：逻辑化分析。

逻辑化分析是智能体处理用户消息的核心环节。它基于预设的规则和算法，对用户消息进行分类和判断，并给出相应的回复或操作。例如：

如果用户消息包含"订单号"，则查询订单状态并回复。

如果用户消息包含"退货"，则引导用户提供订单号和原因。

如果检测到用户情绪激动（如使用多个感叹号），则转接人工客服。

其他情况，从常见问题库中匹配标准答案。

逻辑化分析为智能体提供了处理用户消息的基本框架，而分级执行任务进一步细化了这些处理方式。

第 4 步：分级执行任务。

分级执行任务是智能体实现高效服务的重要手段。它根据用户消息的复杂程度和紧急程度，将任务分为不同的级别，并采取相应的处理方式。

第 5 步：自主学习。

自主学习是智能体实现持续优化的关键。它通过分析日志数据，了解智能体在处理用户请求过程中的表现和问题，并据此制定相应的优化措施。例如，新增高频问题的标准答案可以提升智能体的回复效率；调整转接人工的情绪阈值可以更好地平衡自动化与人工服务的关系；训练模型提升订单号识别准确率则可以减少用户输入错误导致的处理失败。

通过自主学习，智能体能够不断优化自身的服务策略，从而更好地满足用户需求，将人工客服从重复劳动中解放出来，使其专注于解决需要情感沟通或复杂决策的问题。这样的智能体能够处理 80%以上的常规问题，为用户提供更加高效、便捷的服务体验。

1.2.4　利用 Coze 搭建智能体

1. Coze 是什么

Coze（中文名为扣子）是字节跳动推出的一站式 AI 应用开发平台，其核心价值是通过低代码可视化操作，帮助用户像"搭积木"一样快速创建 AI 应用，如图 1-6 所示。Coze 的常见应用场景如下。

智能客服：自动处理产品咨询、退换货等流程。

知识问答助手：基于企业文档提供精准解答。

自动化流程工具：自动完成数据采集、报告生成等流程化任务。

图 1-6

Coze 平台通过以下三大核心功能实现高效开发。

（1）**创建智能体**：创建支持自主决策的 AI 应用，可完成跨平台任务。

（2）**功能模块化集成**：超过 60 个预置插件（如天气查询、快递追踪）+ 自定义知识库 + 可视化工作流引擎。

（3）**多端部署**：一键发布至微信、飞书、抖音等主流平台，适配不同场景的需求。

Coze 的智能体项目商店如图 1-7 所示，它是一个提供各种智能体的在线平台，用户可以在这里找到并使用各种预制的智能体，或者将它们作为灵感来源进行自定义开发。Coze 智能体项目商店中的智能体有多种功能和用途，包括 Excel 海量数据分析、元气表情实验室等。

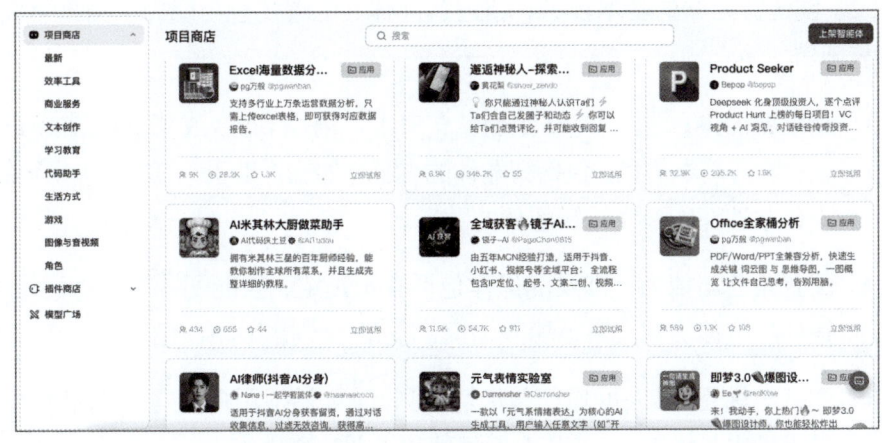

图 1-7

Coze 允许用户通过模板快速创建智能体、工作流和图像流等应用，极大地简化了 AI 应用的开发过程，平台上有多种模板供用户使用，如图 1-8 所示。

图 1-8

2. 利用 Coze 创建智能体的基本过程

（1）**创建前的准备工作**：访问 Coze 官网或打开 Coze 客户端，使用邮箱或手机号注册并登录。

（2）**创建智能体的基本步骤**：新建智能体、配置角色与能力、测试与优化、发布与部署。

- **新建智能体**：进入 Coze 控制台，单击"创建 Bot"或"新建智能体"按钮；填写基本信息，包括智能体的名称（如旅行助手）、功能和用途描述；上传或选择图像作为智能体的图标。

- **配置角色与能力**：涉及的操作包括身份设定、技能配置等（如调用内置插件、上传文档或手动输入知识、设置多步骤自动化流程）。

- **测试与优化**：涉及的操作包括对话测试（如模拟用户提问）、调整参数（如最大输出长度等），以及根据测试结果调整和优化。

- **发布与部署**：涉及的操作包括选择发布渠道（如一键部署到飞书、微信公众号等平台）、监控与维护（通过后台查看用户交互数据，持续优化知识库和技能）。

1.2.5　利用 Manus 进行多应用协作

1. Manus 是什么

Manus 是中国创业公司 Monica 发布的自主智能体产品，是一款性能强大的通用型"助手"。Manus 的核心价值在于将大模型的逻辑推理能力转换为全流程任务执行能力，实现从"思考"到"行动"的闭环，直接交付复杂任务的完整成果，Manus 的界面如图 1-9 所示。

图 1-9

Manus 的核心功能如下。

（1）**零代码任务执行**：利用自然语言指令触发全流程自动化（如分析股票并生成报告）。

（2）**工具深度集成**：自动编写代码、操作网页、处理文档，替代人工重复性劳动。

（3）**动态策略调整**：实时纠错（如数据源异常时切换 API），记忆用户偏好优化输出。

Manus 的典型应用场景如下。

企业场景：Manus 可用于筛选简历、金融数据分析，以及电商运营自动化流程。

个人场景：Manus 能够助力内容创作、旅行规划，以及数据分析工作。

垂直领域场景：Manus 支持医疗辅助诊断、教育教学动画制作，以及制造业设备维护管理。

协同生态场景：Manus 可以与 DeepSeek 和 Coze 联动，实现跨领域任务整合。

2. Manus 的任务执行过程

Manus 通过联动多个应用实现端到端任务闭环，其基本过程如下。

（1）**任务拆分**：将自然语言指令解析为可执行的子任务（如获取信息→分析数据→生成报告）。

（2）**资源调度**：基于任务动态匹配并调用各应用，支持多任务并行处理。

（3）**协同规则**：可以分为跨平台协同和容错机制两个层面。跨平台协同通过统一接口调用 API、浏览器等工具链，实现多源数据共享。容错机制则指采用多维度校验策略，结合自动纠错算法，确保任务执行的稳定性。

（4）**结果整合**：汇总各环节的输出，生成最终成果（如 PDF 报告、可部署的网页等）。

本章从基础认知出发，系统解析智能体的运作机制，并以 Coze 和 Manus 为例，介绍了如何快速创建智能体，以及如何通过数据与应用的协同自动执行任务。

无论你是寻求降本增效的企业开发者，还是希望用 AI 提高日常工作效率的个人用户，都能通过本章理解智能体技术的底层逻辑与落地方法。

2 提 示 工 程

提示词是与 AI 对话的关键工具。本章遵循"理解—掌握—应用—突破"四阶路径，结合真实的工作场景，帮助读者从提示词新手成长为精准操控 AI 的实践高手。①

2.1 提示词基础入门

AI 和人类的思维模式不同，就像两个语言不通的人聊天，稍不留意就会"鸡同鸭讲"。例如：

信息缺失：你觉得是常识的内容（如背景、具体需求），DeepSeek 可能需要明确的提示。

表达模糊：指令太笼统（如写篇文章）容易让 DeepSeek "跑偏"。

理解偏差：同一个词可能有多种含义（如 Python 既可以指编程语言又可以指蟒蛇这种动物）。

---

① 本章以 DeepSeek 为例介绍提示词优化方法，也适用于其他主流生成式 AI 工具。

那么，有哪些方法可以避免这些低效对话，提高人机对话效率呢？让我们一起进入本章的学习。

2.1.1 提示词是什么

DeepSeek 的提示词是一套面向生成式 AI 的结构化交互协作语言，能够帮助用户解决"问不到重点""回答不专业"等问题，其特征可归纳为：

角色定制功能：给 AI 一个明确的身份（如营养师、程序员），它就会切换成对应的专业模式。

任务分步指导：将复杂的任务拆成三步执行，先介绍背景，再列步骤，最后说明需要用什么格式输出。

智能防错机制：具有三大安全保障，包括自动查证事实（像助理一样帮你核对信息）、记住之前的对话内容（避免重复解释）、灵活调整回答的长短（可以输入"请再简单些"）。

2.1.2 提示词的常见误区

本节将介绍提示词的常见误区。

误区 1：模糊角色设定

典型表现："帮我写个方案"。

问题根源：DeepSeek 无法识别服务对象和场景需求。

优化方案：补充用户身份和场景信息。例如，面向大学生创业团队，设计低成本的校园推广方案。

误区 2：一次性布置多个任务

典型表现："帮我写一份包含市场分析、用户画像、竞品对比的行业报告"。

问题根源：多任务混杂导致输出结构混乱。

优化方案：分步拆解提示词。先整理近 3 年××行业的市场规模数据，再提取用户评论高频词，最后对比 A、B、C 三家公司的竞品核心功能差异。

误区 3：忽略信息验证

典型表现：直接使用 DeepSeek 生成法律条款。

风险案例：某用户直接使用 DeepSeek 起草合同，漏掉了关键违约责任条款。

优化方案：进行双重确认。例如，根据《中华人民共和国民法典》第×××条，上述条款是否合法？

误区 4：格式要求不具体

典型表现："用专业格式呈现"。

问题根源：不同领域对"专业格式"的定义不同。

优化方案：明确格式要求细节。例如，用 Markdown 制作三线表，包含型号、价格、市场份额三列。

2.1.3 如何输入有效的提示词

本节将介绍输入有效提示词的核心技巧和万能"公式"。

1. 三大核心技巧

（1）**明确任务目标**：用"动词+结果"锁定核心需求（如"对比→生成对比表格""分析→提炼三个结论"），避免开放式提问导致的发散性输出。

错误示范："写篇文章"。

正确示范："生成一篇适合在公司内部分享的关于团队协作重要性的 500 字文章"。

小贴士：明确主题、字数、用途，让 DeepSeek 有的放矢。

（2）**提供必要的细节**：通过"背景+约束"压缩可能性空间（如通过"面向

新手程序员"限制专业深度，通过"预算 500 元"框定方案范围），降低因 DeepSeek 自由发挥导致的偏差。

示例：画一幅以秋天为主题的油画，画面中有金黄的稻田、远处有山峦和夕阳，整体色彩温暖明亮。

小贴士：细节越多，输出结果越精准！

（3）**使用清晰的语言**：采用"主谓宾"原子化表述（如用 Python 编写爬虫程序，抓取豆瓣 TOP 100 电影数据），消除模糊词汇（如将"优化""改进"等模糊词语细化为"缩短响应时间至 2 秒"）。

错误示范："写个差不多的文案"。

正确示范："写一篇宣传新款手机拍照功能的文案，突出高清、防抖的特点"。

小贴士：避免使用模糊词汇，指令要简单直接。

2. 提示词万能"公式"

这里的万能"公式"主要是指提示词中应包含的必要成分。

（1）**角色定位**（Who）：通过赋予 DeepSeek 具象化的专业身份（如有 10 年经验的家装设计师），精准调用相关领域的知识体系和经验范式，使输出内容符合用户的真实需求。

目标用户画像如下：

> **产品经理**：需快速验证 DeepSeek 的能力边界，设计人机协作流程。
> **开发者**：关注技术实现细节与提示词工程化部署。
> **业务运营**：追求可复用的标准化应答模板，降低培训成本。

补充说明：专业身份中的年限、资质等信息可激活 DeepSeek 的深度知识权重，如"10 年经验"会触发 DeepSeek 参考更多实战案例。

（2）**背景痛点**（Why）：设定多维约束条件（如改造 6 岁男孩的 15 平方米卧室），通过用户属性（年龄/性别）、资源限制（面积/预算）、使用场景（学习/娱乐）等参数，构建方案的可行性沙箱。

当前的业务困境与挑战一般是：在电商客服场景中，低效的提示词设计将导致三大核心问题，直接影响用户体验与运营效率。

① 意图识别模糊导致用户体验割裂

典型场景：用户反馈"商品有问题"，DeepSeek 机械地追问"请说明具体问题"（未主动分类引导），引发三轮以上的低效对话。

② 应答边界失控导致业务风险加剧

典型场景：用户"质疑衣服尺码不准要求赔偿"，DeepSeek 误用"我们保证全额退款"等超权承诺，引发后续客诉纠纷。

③ 非结构化输出导致系统协同低效

典型场景：DeepSeek 回复"建议选择 M 码"却未关联用户的身高体重数据，导致人工客服二次核实。

补充说明：完整的背景描述可压缩 DeepSeek 的自由发挥空间，避免生成天马行空的无效方案。

（3）**任务目标**（What）：使用**强动作动词**明确操作类型（如生成三套布局方案），定义可验收的交付形态（如文档、图表、代码），确保每个动作都对应明确的产出物。

我们来看一个示例。

> 设计一套适用于**售前咨询场景**的提示词系统，实现以下功能。
>
> **精准分流**：5 秒内识别用户咨询类型（如商品参数、促销规则、售后政策）。
>
> **安全应答**：将敏感诉求（如索赔）自动转接至人工客服并标注风险等级。
>
> **结构化输出**：回复内容自动生成标准工单字段（如咨询类型、紧急程度、关联订单号）。

补充说明：动词选择需遵循"可检测、可终止、可交付"三原则。

（4）**执行要求（How）**：制定验收标准（如"平面图标注尺寸+预算误差<5%"），从格式规范（图文结构）、数据精度（误差范围）、合规要求（安全标准）等角度建立 AI 可理解的质检协议。

具体的执行要求应包含以下四要素。

- **清晰度设计**：在与 DeepSeek 对话时，尽量用明确的问题或指令，例如直接说"帮我总结这篇文章的要点"，而不是说"看看这篇文章"。

- **上下文注入**：DeepSeek 会根据你提出的问题和与你的历史对话自动理解需求，但你可以主动提供更多背景信息，例如"我正在写关于人工智能的论文，需要……"。

- **示例引导**：如果你有特定的回答格式要求，则可以直接给 DeepSeek 示例，例如，请按照诗歌的格式回答。

- **约束条件设定**：你可以明确告诉 DeepSeek 回答的限制，例如"不要超过100字"、"只用中文回答"或"仅提供客观事实"。

补充说明：量化标准可使 DeepSeek 自动检查输出质量，减少人工修改的次数。

2.1.4　提示词案例演示

在与 DeepSeek 的交互中，提示词设计的优劣将直接影响人机协作的效果。本节将通过实际场景分析，带领读者体验从"无效对话"到"准确输出"的过程。无论你是产品经理、开发者，还是业务运营者，都能掌握一套可复用的标准化提示词设计思路。

案例背景：现代人越来越重视健康管理，但在制订健身计划时常常遇到困难。要么计划太笼统难以执行，要么不符合个人实际情况。本案例将展示如何通过优化提示词，让"AI 健身教练"为你量身制订真正可执行的健身计划。

对于这样的场景，用户通常会说："帮我制订一个健身计划"。这里的提示词存在三个主要问题：没有明确的目标（如用户是想减脂、增肌还是保持健康）；缺少个人基本情况；没有具体的限制条件。

对此，我们参照三大核心技巧进行如下分析。

明确任务目标：明确具体的健身目标。例如，请制订一个为期 12 周的居家减脂训练计划，目标是健康减重 5 公斤。

提供必要的细节：需要补充关键信息，如个人情况、健康情况、可用设备、时间限制等。

使用清晰的语言：具体要求可包括每周训练的频次、特别注意事项等。

基于以上分析，优化后的提示词如下。

> 假设你是一名专业的健身教练，请为我制订一个为期 12 周的居家减脂训练计划。我的情况如下：
> - 30 岁，男性，办公室职员。
> - 有轻度腰椎间盘突出。
> - 可用设备：瑜伽垫、矿泉水瓶。
> - 每次训练时间不超过 30 分钟。
>
> 要求：
> - 目标：健康减重 5 公斤。
> - 分三个阶段设计（适应期、提升期、巩固期）。
> - 包含热身、训练和放松的完整流程。
> - 所有动作都要配有图文说明。
> - 特别标注腰椎不适者需要避免哪些动作。
>
> 请用表格的形式输出每周训练计划，并注明每个动作的组数和次数。

通过给出详细的提示词，你将获得一个个性化的、安全有效的健身计划，大大提升训练效果。

本节为读者系统介绍了提示词的基本概念、常见误区及优化方法，并通过实际案例展示了如何设计高效的提示词。首先，笔者分析了常见的提示词误区，如模糊角色设定、一次性布置多个任务、忽略信息验证等，这些会导致 DeepSeek 的输出偏离预期。接着，笔者提出了如何输入有效的提示词，强调提示词的三大核心技巧，即明确任务目标、提供必要的细节、使用清晰的语言，以及提示词万能"公式"——角色定位—背景痛点—任务目标—执行要求，并结合生活中的案例演示了结构化提示词的设计方法。

2.2 提示词的进阶技巧

AI 就像一台智能收音机，而提示词就是调频旋钮——如果随便乱转，则可能只收到杂音；而如果精准调频，就能清晰获取所需的内容。普通人在使用 AI 时，常遇到答非所问、细节缺失、专业度不足等问题，本质上，是因为 AI 缺乏理解人类情景的能力。提示词优化的作用，就是通过科学的方法"翻译"你的需求，让 AI 从"盲目猜测"变为"精准执行"。

生活中的例子如下。

低效提问："推荐西安的景点"→可能得到千篇一律的攻略。

优化提问："带老人和孩子，3 天行程，避开沿途上下台阶路线，预算为人均800 元，请为我制订游玩计划"→获得包含无障碍设施、亲子活动的定制方案。

优化提示词，相当于给 DeepSeek 装上"需求导航仪"，用更少的时间成本，换取更高价值的回答。无论是日常琐事，还是专业任务，都能让 DeepSeek 从勉强能用升级为真正好用。本节为读者介绍提示词优化策略和技巧，帮助读者与DeepSeek 高效对话。

2.2.1 提示词优化策略

1. 任务设计方法

（1）**结构化提示词设计**：将复杂任务拆解为可执行的子任务，或将需求梳理成结构化内容，让 DeepSeek 更懂用户需求。

结构化提示词设计如同建造房屋需要先画图纸，通过**步骤拆解**和**模块组合**，将模糊的复杂任务转化为 DeepSeek 可精准处理的标准化流程或结构化信息。其核心是**降低 DeepSeek 的认知负荷**——当任务被拆解为明确的子目标（如数据收集→分析→排版）时，AI 就能像流水线工人一般分阶段处理，避免因信息过载导致输出偏差。

适用场景：复杂任务（如项目规划、论文写作）、需要分步执行的流程（如菜品烹饪、操作指南）、数据整理任务（如信息归类、表格生成）。

操作要领：拆解步骤时，可根据时间顺序、逻辑关系或优先级来进行。

案例示范：假设想规划一次北京郊区一日游，如果用"帮我安排一次周末郊游"来提问，则会得到笼统的回答，而如果给出结构化的提示词，效果则会有所不同。你可以参照以下提示词进行提问，看看 DeepSeek 的回答效果。

请按以下模块规划北京郊区一日游：

1. **时间轴**：9:00 出发，18:00 返程，按小时分段说明活动。

2. **物品清单**：

必备物品（按防晒用品、饮食、安全装备分类）。

可选物品（标注使用场景，如雨伞、野餐垫）。

3. **路线图**：

驾车路线（标注加油站、休息区）。

徒步路线（标明观景台位置）。

4. **备选方案**：若遇雨天，则提供室内替代活动建议。

（2）**多模态提示词设计**：同时使用文字、图片、表格等信息给 DeepSeek 布置任务，让 DeepSeek 像人类一样综合理解需求。例如，若你想让 DeepSeek 规划旅游攻略，则可以同时输入文字要求、风景照片和 Excel 预算表。

适用场景：设计（如 LOGO 设计、海报文案生成）、数据分析（如图表解读、文字报告）、教育科普（如图文结合解释概念）类需求。

操作要领：图文搭配，上传图片后补充文字指令（如根据这张户型图，列出 5 条装修建议）；表格辅助，上传 Markdown 表格的明确参数（如对比不同方案的优缺点）。

设计多模态提示词的方法如下。

明确需求：通过分析销售数据，找出增长最快的产品。

准备材料：基于上述需求，提前准备相应的材料，如文本、图片、Excel 数据表格等。

组合输入：输入提示词，上传文件或图片，提示词示例如下。

> 请分析附件中 2024 年 Q1～Q2 的销售数据：
> - 对比各产品线的增长率。
> - 用 200 字总结市场趋势。

2. 交互控制技术

（1）**动态参数化**：在模板中设置填空位置，快速生成多样化方案（例如，在营销文案中自动替换产品名称、促销力度等信息）。

动态参数化是指通过**"占位符变量+规则约束"**，让单个提示词模板适配多种场景。就像 PPT 模板中的"单击此处添加标题"一样，动态参数化通过{{变量}}来定义可替换的内容（如{{日期}}、{{产品名}}），配合示例教学（例如，当参数 A=X 时，输出 Y），使 DeepSeek 掌握内容生成规律。其价值在于**"一劳永逸"**——建立模板后，仅需替换关键词即可批量生成合规的内容（其中，可替换的内容通常可用【 】或{{}}来标注）。

适用场景：批量生成文本内容（如电商产品描述）、个性化模板（如邮件、简历）、A/B 测试文案。

操作要领：标注变量，可用{{}}或【 】标注可替换的内容（形如{{产品名}}），还需提供选项，指定参数范围（如促销力度为 5 折）。

案例示范：去旅行不知道带什么东西，若将提示词写成"帮我列出旅行要带的东西"，则 DeepSeek 给出的回复可能会各式各样，试试如下格式的提示词模板，其中变量部分（【 】中的内容）可根据实际情况来调整，你将得到期望的结果。

> 请为【目的地】的【季节】旅行，列出包含【主要活动】的必备物品清单，按以下分类：
>
> 1. 衣物类（需考虑当地气温）。
> 2. 工具类（配合主要活动）。
> 3. 特别提醒（当地特殊需求）。

（2）**高级约束技巧**：用特殊指令设置禁区，防止 DeepSeek 生成虚假信息或敏感内容（例如，要求必须对所有数据标注来源）。

高级约束技巧不同于普通的提问或对话，而是通过明确的限制性指令，提前规划 DeepSeek 的回答方向、内容范围和表达方式，保障回答不跑偏、不越界、更精准。

适用场景：学术研究（如要求给出参考文献）、敏感内容规避（如法律、医疗建议）、品牌调性控制（如生成禁用词汇列表）。

操作要领：使用硬性指令（如使用必须、禁止等强约束词）；利用白名单机制；限定数据来源（如仅参考 2020 年以后的论文）。

案例示范：作为妈妈，想给 6 岁的孩子讲睡前故事，希望 DeepSeek 生成一段故事。

输入如下提示词：

> 你是一个儿童故事家，创作需符合以下要求：
>
> 故事长度不超过 300 字。
>
> 主角是小动物。
>
> 每段内容中都有拟声词（如哗啦啦）。
>
> 结尾必须传递正能量。

生成示例：

> **小兔子找勇气**
>
> "滴答滴答"，下雨天小兔子不敢出门。松鼠老师说："试试带着小雨伞走吧！"
>
> "咕咚！"小兔子心跳加快，但看到蜗牛在叶子上跳舞……原来雨天也可以这么有趣呀！"
>
> （故事传递的正能量：要勇敢尝试新事物）

3. 场景适配能力

（1）**专业领域优化**：通过添加行业术语和案例，提升输出的专业性（例如，让 DeepSeek 用法律条款格式写合同）。

通过为 DeepSeek 注入行业知识和规范术语，可以使其在特定领域（如法律、医疗）像专家一样给出精准回答。例如，在法律咨询中提供最新的法规条文，或在医疗建议中严格使用专业诊断名词，避免口语化表述。这需要上传专业资料并设置术语白名单，确保输出内容既权威又符合行业标准，适用于对准确性有较高要求的专业场景。

适用场景：法律、医疗、金融等领域的专业咨询，技术文档撰写（如代码注释），行业报告生成。

操作要领：术语植入，可添加专业名词（如用 FOB 贸易条款解释责任划分）；案例示范，如提供 1~2 个示例句式。

案例示范：作为妈妈，想为孩子制订一个学习计划，一般的提示词为"怎么帮孩子提高数学成绩？"，DeepSeek 的回复可能是"建议多做练习题、请家教辅导"，对话内容看似都正确，但很空洞，缺乏具体指导。对此，你可以参照如下方式修改提示词，并试试效果。

> 作为教育心理学专家，请根据皮亚杰认知发展理论，为 8 岁小学生设计为期 6 周的数学能力提升方案：

> 1. **阶段目标**：每周聚焦一个核心能力（如数感建立→几何认知→逻辑推理）。
>
> 2. **每日活动**：
> - 15 分钟游戏化训练（注明具体游戏类型与教具）。
> - 生活场景应用练习（如超市购物计算）。
>
> 3. **评估工具**：
> - 每周采用"儿童数学能力诊断量表"（CMA）简易版进行评估。
> - 记录错误类型分析表。
>
> 4. **工具推荐**：适配该年龄段的数学启蒙 App（含使用时长建议）。

（2）**上下文管理**：让 DeepSeek 记住之前的对话内容，实现连续沟通不"断片"（例如，跟进三天前讨论的项目方案）。

这一技巧让 DeepSeek 能够记住对话中的关键信息，像一位细心的助手一样持续跟踪任务进展。通过记录用户偏好、历史操作等重要数据，DeepSeek 能在后续交流中主动关联上下文。例如，在电商咨询中记住用户上次查询的订单状态，或在健身指导中持续跟进用户的训练进度。这解决了多次对话中信息重复输入的痛点，让人机协作更加连贯高效。

适用场景：长期项目跟进（如连续三天的方案迭代）、复杂问题讨论（如回顾前文细节）、角色扮演对话（如让 DeepSeek 模拟客户）。

操作要领：关键点重提，如用"如前所述""上次提到"等话术关联历史信息；摘要功能，在长对话后要求 DeepSeek 总结上下文（如用三句话概括我们讨论的要点）。

案例示范：用上面介绍的方法规划周末去杭州的行程。

首次提问（建立基础上下文）：

> 我们计划周六早上从上海出发，周日傍晚返回，带 60 岁的父母和 8 岁的孩子，请推荐杭州适合家庭游的景点。

DeepSeek 的回复：

> 建议去杭州动物园、运河游船等亲子游玩景点，并提示需预订无障碍通道。

二次追问（延续上下文）：

> 请推荐第一天的午餐餐厅，要兼顾老人饮食清淡和孩子喜欢甜品这两点。

DeepSeek 优化回复：

> 推荐楼外楼餐厅的家庭包厢：
> 老人适配：西湖醋鱼（少糖版）、莼菜汤。
> 儿童甜品：定胜糕拼盘。
> 关联前文：距上午的景点杭州动物园车程仅 15 分钟。

三次调整（修正上下文）：

> 第二天上午不去雷峰塔，换成自然博物馆，请重新安排行程。

DeepSeek 关联回复：

> 更新行程：
> 9:00 到达杭州自然博物馆（老人可参观常设展，孩子可体验化石挖掘活动）。
> 11:30 可在周边的外婆家餐厅就餐（自动继承饮食要求）。

4. 过程优化机制

动态调整策略：根据 DeepSeek 每次的回答微调提示词（如补充细节要求或修改时间限制），最终得到完美的答案。

通俗易懂的理解就是，如果在第一次提问后，DeepSeek 的回答不够好，那么别急着放弃。通过观察问题出在哪儿（如信息太少、语气不对、细节缺失），有针对性地修改提问方式，再试一次。这种"边问边改"的灵活方法，就是动态调整策略。

适用场景：迭代优化（如文案修改）、模糊需求逐步澄清、排除法筛选答案。

操作要领：渐进式提问，从宽泛到具体（如先问有哪些装修风格，再聚焦北欧风要点）；反馈修正，根据 DeepSeek 的回答追加限制（如去掉现代风格，增加预算控制）。

案例示范：想请 DeepSeek 帮忙规划周末去杭州的旅游攻略。

第 1 次提问（新手版）：

> 杭州有什么好玩的？

DeepSeek 可能会列举西湖、灵隐寺等常规景点，从结果上看信息太宽泛，缺乏个性。

动态调整的过程：补充限制条件"带 5 岁孩子，预算为人均 500 元"，按此思路根据 DeepSeek 的回复多次调整提示词。

通过以上四大策略的灵活组合，用户可系统化提升与 DeepSeek 协作的效率：从**任务设计**到**交互控制**，从**场景适配**到**过程优化**，形成完整的 DeepSeek 协作闭环。这些策略像工具箱中的不同工具，既能单独解决特定的问题，又能组合应对复杂的需求。掌握这套组合方法，既能快速解决日常的问题，又能攻克复杂的挑战，让每个使用者都能从新手进阶为 DeepSeek 高效协作者——用对工具，事半功倍。

2.2.2　提示词"智能工具包"

在日常沟通、学习或工作中，我们常遇到表达"卡壳"、信息冗长、步骤混乱、缺乏案例、担心出错等问题。"智能工具包"是一套智能增效工具的集合，通过四大功能维度（内容精练、流程赋能、思维激发和数据呈现）实现人机协作升级。它让新手快速获得专业输出，帮老手自动化完成基础工作，为团队提供标准化解决方案。使用时只需明确需求、灵活组合指令、人工复核关键环节，即可将 DeepSeek 从简单的问答工具转变为真正的"智能外脑"，实现所想即所得的效率革命。接下来，笔者将介绍"智能工具包"的妙用。

1. 内容优化

（1）/续写：自动补全当前内容，保持逻辑连贯。

适应场景：写作卡顿需要灵感延伸、长篇内容分阶段生成、保持原有风格的补充创作。

操作要领：提供足够的上文（建议 3～5 句）、指定续写方向（如从技术角度展开）、限制长度（如续写 200 字）。

案例示范：撰写工作报告时卡顿。

输入如下提示词：

> 以下是市场分析的开头，请用/续写补充三个核心趋势：
> "根据 Q1 的数据，消费电子品类呈现三个新特征：一是性价比导向增强……"

DeepSeek 生成如下示例：

> 二是环保材料需求上升（引起 35%的消费者关注）；三是用场景化解决方案取代单品购买；四是国货品牌偏好度同比增长 20%。

（2）/简化：将复杂的信息提炼成通俗易懂的表达。

适应场景：解读专业报告/法律条款、制作通俗版说明、快速提取核心信息。

操作要领：声明受众（如给小学生解释）、指定简化程度（如压缩到 50 字）、保留关键数据。

案例示范：解读保险合同条款。

输入如下提示词：

> 用/简化解释以下条款，限 100 字以内：

> "被保险人在等待期后经专科医生确诊初次患有本合同所列重大疾病……"

DeepSeek 生成如下示例：

> 投保 90 天后，医院确诊合同所列重疾即可理赔（癌症等特殊病种在投保 30 天后即可享理赔）。

（3）/检查：扫描文本的潜在问题（如逻辑矛盾、语法错误、数据漏洞），提供优化建议。

适应场景：重要文件终稿审核、技术方案风险排查、学术论文逻辑验证。

操作要领：指定检查维度（如语法、逻辑、数据）、提供参照标准（如符合 FDA 规范）、要求分级标注（如严重问题、轻微问题）。

案例示范：排查活动方案风险。

输入如下提示词：

> 用/检查排查以下露营活动方案中的漏洞：
> 周六上午 10 点在山脚处集合，徒步至山顶露营，次日看日出。

DeepSeek 生成如下示例：

> 风险点：
> 未报备防火区露营许可。
> 无备用路线应对天气突变。
> 缺失急救药品清单。

2. 流程指导

（1）/步骤：将任务拆解为可操作的详细步骤。

适应场景：操作流程标准化、新手教学指南、应急故障处理。

操作要领：声明操作者水平（如电脑小白）、标注步骤、使用可视化元素（如编号、图标）。

案例示范：第一次更换汽车轮胎。

输入如下提示词：

> 用/步骤列出更换轮胎的流程，包含安全注意事项。

DeepSeek 生成如下示例：

> 1. 停稳车辆拉上手刹，将三角牌放在车后 50 米处。
> 2. 对角松螺丝（别全拧掉）→顶千斤顶至轮胎离地 2 厘米。
> 3. 换备胎前先装螺丝→星形预紧→落地后全力紧固。

（2）/示例：提供可直接套用的模板或案例，以降低学习门槛。

适应场景：模板化文档生成、标准化格式示范。

操作要领：限定行业或场景、要求多版本对比、包含变量说明。

案例示范：写辞职邮件。

输入如下提示词：

> 用/示例给出得体的大厂离职邮件，包含感谢和工作交接等相关内容。

DeepSeek 生成如下示例：

> **主题**：离职通知——张××（产品部）
> **正文**：
> 感谢团队三年来的支持，尤其××项目让我成长迅速。我已整理交接清单（附文档），最后的工作日为 3 月 15 日，如有问题请随时联系 zhang@xxx.com。

3. 创意与思维工具

（1）/mindmap：生成结构化思维导图，帮助梳理内容。

适应场景：知识体系梳理、会议讨论引导、项目框架生成。

操作要领：定义中心主题、限制分支层级（建议≤4 层）、要求标注关联线。

案例示范：备考教师资格证。

输入如下提示词：

> 用/mindmap 整理《教育心理学》第三章的记忆规律。

DeepSeek 生成如下示例：

```
记忆规律：
├─ 瞬时记忆 → 注意筛选
├─ 短时记忆 → 组块化策略
└─ 长时记忆
├─ 编码：精细加工
└─ 提取：情境依存性
```

（2）/brainstorm：激发创意点子，提供多角度建议。

适应场景：创意方案发散、产品命名建议、危机应对策略生成。

操作要领：设置思维限制（如成本<1 万元）、要求标注创新度评级、鼓励提出反常识的点子。

案例示范：奶茶店新品研发。

输入如下提示词：

> 用/brainstorm 生成 5 款春季限定饮品，要求结合时令食材并进行差异化命名。

DeepSeek 生成如下示例：

> 1. 山茶乌龙（武夷岩茶+荔枝冻）。
> 2. 青团麻薯鲜奶（艾草风味+咸蛋黄颗粒）。
> ……

（3）/anti：对抗性分析，预设反驳视角，识别方案漏洞。

适应场景：方案风险评估、辩论准备、决策反向验证。

操作要领：预设反对立场（如投资人视角）、提供数据支撑、提供缓解措施。

案例示范：辩论赛准备。

输入如下提示词：

> 用/anti 反驳"AI 将完全取代人工客服"。

DeepSeek 生成如下示例：

> 反驳角度：
> 情感共鸣缺失（机器无法理解投诉情绪）。
> 复杂场景僵化（机器无法处理跨国文化差异）。
> 法律风险（自动应答的归责问题不清晰）。

4. 数据与可视化

/dataviz：将数据转化为图表（如折线图、饼图），并解释如何呈现才能更清晰。

适应场景：数据报告制作、学术成果展示、商业计划书优化。

操作要领：提供结构化数据、指定展示重点（如趋势、对比、分布）、给出配色建议。

案例示范：销售数据汇报。

输入如下提示词：

> 用 /dataviz 展示季度销售数据：
>
> Q1 营收 120 万元，Q2 营收 150 万元，Q3 营收 200 万元，Q4 营收 180 万元

DeepSeek 生成如下示例：

> 推荐图表：
>
> 折线图（趋势分析）。
>
> 饼图（季度占比）。
>
> 附 Excel 制作步骤。

指令组合技巧建议如下。

创意闭环： /brainstorm 生成点子→/步骤制订计划→/检查排查风险。

学习加速： /mindmap 建立框架→/示例获取案例→/简化消化难点。

报告制作： /dataviz 呈现数据→/续写分析结论→/anti 验证观点。

以上进阶技巧正在重新定义人机协作方式——不再是简单的问答交互，而是让 DeepSeek 真正成为你工作流中的智能增强组件，帮助你高效获得优质产出。

2.3　提示词模板化建设

本节，笔者将与读者一起探索如何将业务场景与个性化需求结合，构建一套具备稳定性、可复用性及规模化生产能力的提示词模板。

提示词模板化的目标是通过标准化结构框架，系统地提升提示词设计的效率与质量。其意义不仅在于通过预设角色、任务分解与输出格式规范，实现内容生成的一致性与可扩展性，降低重复性劳动与学习门槛，更在于将个体经验沉淀为可复用的流程化工具，为 AI 应用提供稳定可控的输入接口，同时支持参数化动

态调整与迭代优化。这样一来，我们既能保证灵活性，又能推动知识资产的有效积累与自动化流程的加速落地，最终实现从创意构思到规模化落地的效能跃迁。

2.3.1 提示词模板化是什么

提示词模板化是指通过结构化设计，将复杂任务拆解为可复用的模块化指令框架，以提升 AI 大模型（如 DeepSeek 等）的响应质量和效率。其核心在于标准化输入格式、引导模型遵循特定的逻辑输出，并降低交互成本。

模板化方法的优势如下。

（1）**提升效率**：减少重复性描述，快速复用模板。

（2）**避免歧义**：通过结构化指令，明确模型任务。

（3）**增强可控性**：约束输出格式，确保结果可用。

（4）**便于协作**：团队可共享模板，统一交互标准。

2.3.2 提示词模板化的方法

提示词模板化方法的核心要素通常包含任务定义、上下文设定、输出约束三部分，适用于信息提取、创意生成、多轮对话、逻辑推理、代码生成等场景，如图 2-1 所示。

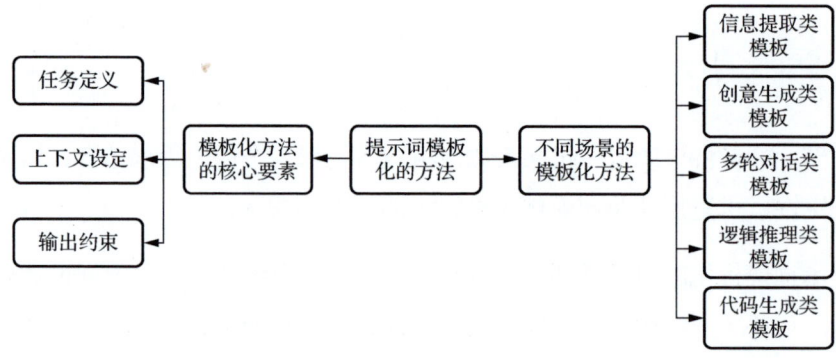

图 2-1

1）模板化方法的核心要素

（1）**任务定义**：明确模型需要完成的具体目标（如分类、生成、总结）。

示例：生成一篇关于[主题]的新闻稿，需包含引言、正文和结论。

（2）**上下文设定**：提供背景信息、角色设定或明确目标受众，减少歧义。

示例：针对 12 岁儿童，用简单的语言解释[概念]。

（3）**输出约束**：限制格式、长度、风格或关键词，确保结果符合需求。

示例：输出需为 JSON 格式，包含标题和内容字段。

2）不同场景的模板化方法

（1）**信息提取类模板**：目标是从文本中提取结构化数据（如日期、地点、事件）。

示例：从以下文本中提取人物姓名、事件时间、相关地点，请以表格形式返回。

（2）**创意生成类模板**：目标是生成特定主题的内容（如广告语、故事、代码）。

示例：编写一个关于[主题]的短故事，主角需具备[特征]。

（3）**多轮对话类模板**：目标是在复杂的对话中引导模型保持上下文一致。

示例：用户向 DeepSeek 输入："如何制作蛋糕？" DeepSeek 输出："请按以下步骤回答，列出所需材料、描述制作流程、提示注意事项。"

（4）**逻辑推理类模板**：目标是引导模型进行因果分析、决策或预测。

示例：分析[事件]的直接原因和潜在影响，可按直接原因、短期影响、长期影响的结构来回答。

（5）**代码生成类模板**：目标是生成符合特定需求的代码片段。

示例：用 Python 编写一个函数，实现[功能]，需包含以下参数[参数列表]。

2.3.3 提示词模板化的四个阶段

提示词模板化的四个阶段是一种系统化方法，用于将业务需求转化为可复用的提示词模板。其核心目标是通过模块化设计和场景化适配，实现提示词的高效生成、验证与复用，如图 2-2 所示。

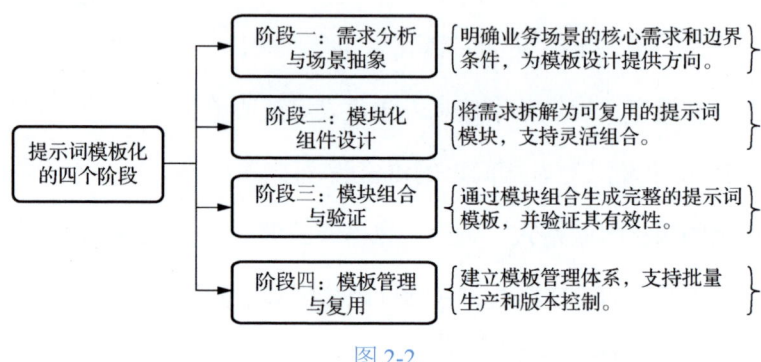

图 2-2

阶段一：需求分析与场景抽象——明确业务场景的核心需求和边界条件，为模板设计提供方向。

关键步骤如下。

1）场景分类

高复用场景：此类场景具有需求稳定、模板可复用的特点。例如，在 FAQ（常见问题解答）生成任务中，常见问题及其答案通常具有固定模式，可依据预设模板快速生成内容。

低复用场景：该类场景需要根据用户输入动态调整模板。以个性化营销文案为例，由于用户的兴趣、需求、消费习惯等各不相同，因此需要针对不同用户，结合其特定信息，对营销文案模板进行个性化调整，以提高文案的吸引力和针对性。

2）需求提炼

用户意图：明确用户期望借助提示词达成何种任务目标。例如，生成内容，即创作出符合要求的新文本、图像等内容；分析数据，即对给定数据进行处理、挖掘和解读；提供建议，即基于特定情境或问题给出合理可行的意见或方案。

数据依赖：详细说明运行模板或生成结果所必需的输入数据类型。例如，文本，即一段或多段文字信息；表格，如 Excel 表格、CSV 文件等结构化数据；API，即通过调用特定接口获取实时数据或功能服务。

输出风格：具体阐述输出结果应遵循的格式规范、语言风格及各类约束条件。例如，输出的文本内容长度不能超过 50 个字符；包含关键词，即输出结果中必须包含指定的某些词语；.md 格式，即输出文件需采用.md 格式进行呈现。

3）边界定义

在提示词模板设计与应用的过程中，为确保模板在各种情况下都能稳定、有效地被使用，需明确其边界条件。这里的边界条件包含两方面：一是异常处理，即出现输入数据缺失、格式错误等异常时模板的应对措施（如当关键词为空时，返回错误提示）；二是性能要求，指模板在执行效率、响应时间等方面需满足的业务标准。

阶段二：模块化组件设计——将需求拆解为可复用的提示词模块，支持灵活组合。

关键步骤如下。

（1）**角色模块**：界定 AI 所扮演的角色，以确保输出的内容符合角色的定位。

示例：你是一名资深的电商文案策划。

（2）**任务模块**：将任务拆解为核心动作及相应的子任务，明确任务的逻辑。

示例：核心动作，如生成标题；子任务，如提取关键词、匹配模板、格式化输出。

（3）**数据模块**：规范输入数据的格式和来源，同时支持动态参数化设置。

示例：输入参数为{{商品名称}}、{{关键词}}；数据来源为用户输入、数据库查询。

（4）**输出模块**：定义输出结果的格式和约束条件，确保输出结果符合业务要求。

示例：输出格式为.md、JSON、自然语言；约束条件：标题长度不超过 20 个字、必须包含关键词。

（5）**校验模块**：添加数据验证规则，有效提升模板的健壮性，增强其应对各种异常情况的能力。

示例：若输入为空，则返回错误提示"关键词不能为空"；若数据格式错误，则返回错误提示"输入数据格式错误，请检查"。

阶段三：模块组合与验证——通过模块组合生成完整的提示词模板，并验证其有效性。

关键步骤如下。

（1）**模块组合**：根据场景需求，将模块按逻辑顺序拼接。输入 DeepSeek 的提示词如下。

> 你是一名电商文案策划。
> 请根据以下商品信息生成标题：
> • 商品名称：{{商品名称}}
> • 关键词：{{关键词}}
> 输出格式：.md，标题长度不超过 20 个字。
> 若关键词缺失，则返回错误提示"关键词不能为空"。

（2）**参数化设计**：将动态内容（如用户输入、变量）参数化，提升模板的灵活性。

示例：使用{{变量名}}占位符，支持填充不同的输入数据。

（3）**案例测试**：使用真实数据测试模板，记录输出结果。

示例：输入提示词："商品名称='××手机'，关键词='轻薄'。"DeepSeek 输出：#××手机——轻薄之选。

（4）**迭代优化**：根据测试结果调整模块的参数或逻辑，优化模板性能。

示例：若输出标题过长，则调整标题长度为少于 15 个字。

阶段四：模板管理与复用——建立模板管理体系，支持批量生产和版本控制。

关键步骤如下。

（1）**构建模板库**：按场景分类存储模板，支持标签检索。

示例：客服模板库包含用户问题分类、自动回复生成等模板。

（2）**版本控制**：记录模板变更历史，便于回溯和协作。

示例：版本 1.1，优化输出格式，增加关键词校验。

（3）**自动化生成**：开发脚本或工具，实现模板的批量生成和部署。

示例：使用 Python 脚本，根据 Excel 表格中的数据自动生成提示词模板。

提示词模板化的四个阶段通过需求分析与场景抽象、模块化组件设计、模块组合与验证、模板管理与复用的完整流程，帮助用户系统地构建提示词模板。其核心在于模块化设计和场景化适配，确保模板既灵活又高效，满足业务需求。

2.3.4 提示词模板化案例解读

案例：某在线教育平台希望为学生生成个性化的学习计划。平台需要根据学生的学科成绩、学习目标和时间安排，生成一份详细的学习计划。

阶段一：需求分析与场景抽象

任务定义：生成个性化学习计划，帮助学生高效学习。

场景分类：高复用场景，用于生成学习计划，需求稳定且模板可复用。

需求提炼如下。

- 用户意图：生成个性化学习计划。

- 数据依赖：需要学生的学科成绩，了解学生的学习目标和时间安排。

- 输出风格：输出格式为.md，包含详细的科目安排和时间表，语言风格简洁明了。

边界定义如下。

- 异常处理：若输入数据缺失或格式错误，则返回错误提示。

- 性能要求：需在 1 秒内返回结果。

阶段二：模块化组件设计

角色模块：你是一名资深教育顾问。

输入模块：输入参数为{{学生姓名}}、{{学科成绩}}、{{学习目标}}、{{时间安排}}，数据来源为用户输入或数据库查询。

步骤模块如下。

（1）分析学生的学科成绩，找出薄弱科目。

（2）根据学习目标和时间安排，制订学习计划。

（3）生成详细的学习计划，包括科目、时间表和学习建议。

输出模块：输出格式为.md；约束条件包含科目、时间表和学习建议，语言简洁明了。

校验模块：若输入为空，则返回错误提示"请输入学生信息"；若数据格式错误，则返回错误提示"输入的数据格式错误，请检查"。

阶段三：模块组合与验证

模块组合：将角色模块与输入模块组合。例如，在 DeepSeek 中输入如下提示词。

> 你是一名资深教育顾问。请根据以下学生信息生成个性化学习计划。学生姓名：{{学生姓名}}；学科成绩：{{学科成绩}}；学习目标：{{学习目标}}；时间安排：{{时间安排}}

输出格式：.md，包含科目、时间表和学习建议，语言简洁明了。

- 若输入为空，则返回错误提示"请输入学生信息"。

- 若数据格式错误，则返回错误提示"输入的数据格式错误，请检查"。

参数化设计：使用 {{变量名}} 占位符，支持填充不同的输入数据。

案例测试：在 DeepSeek 中输入如下提示词。

> 学生姓名：张三；学科成绩：数学 70 分，英语 85 分，语文 90 分；学习目标：提高数学成绩；时间安排：每天学习 2 小时。

DeepSeek 的输出如下。

```Plain Text
# 张三的个性化学习计划
## 学科分析
- 数学：70 分，需重点提升
- 英语：85 分，保持良好
- 语文：90 分，保持优秀
## 学习目标
- 提高数学成绩
## 时间安排
- 每天学习 2 小时
## 学习计划
- 周一至周五
  - 18:00—19:00：数学练习
  - 19:00—20:00：英语阅读
- 周六
  - 10:00—12:00：语文写作
- 周日
  - 10:00—12:00：复习与总结
```

> ## 学习建议
>
> - 每天保持至少 2 小时的学习时间，重点提升数学成绩。
>
> - 定期进行自我测试，评估学习效果。

迭代优化：根据测试结果，增加学习建议部分，帮助学生更好地执行学习计划。

阶段四：模板管理与复用

通过构建模板库实现资源集中管理，结合版本控制保障内容可追溯性，并借助自动化工具提升生成与部署效率，形成从存储、维护到应用的完整闭环。

模板库构建：按场景分类存储模板，支持标签检索。

示例：形成教育模板库，包含学习计划生成、学习建议生成等模板。

版本控制：记录模板变更历史，便于回溯和协作。

示例：版本 1.1，增加学习建议部分，优化输出格式。

自动化工具：开发脚本或工具，实现模板的批量生成和部署。

示例：使用 Python 脚本，根据 Excel 表格中的学生数据自动生成个性化学习计划模板。

2.3.5 提示词模板化避坑技巧

设计提示词模板的核心在于理解语言模型的认知边界，尽量避免模型幻觉，通过建立人机协作协议规范 AI 工作流程，实现从技巧到体系的认知升级。

1. 理解语言模型的"认知边界"

"认知边界"体现在对提示词的理解方式、对未知场景的泛化能力，以及易受数据偏差或误导性输入影响而生成不准确内容的局限性。明确这些边界有助于更合理地设计和优化提示词，从而得到用户预期的结果。

1）模型如何"理解"提示词

符号解析：识别指令词（生成、分类、提取）、对象词（产品、用户、数据）、修饰词（详细、简洁、专业）。

上下文建模：通过注意力机制计算每个词与任务目标的相关性。

分布外泛化：对未训练过的场景，依赖提示词的引导进行合理推测。

2）避免"模型幻觉"的三个原则

信息明确：提供足够的背景知识（如根据 2024 年财报数据而非根据最新数据）。

约束具体化：明确禁止编造信息。

结果校验：对于重要场景，增加人工审核或外部数据验证环节。

2. 模板化思维的本质：建立"人机协作协议"

提示词模板化的核心是为 AI 制定清晰的"工作流程"，就像给人类员工写操作手册，需要明确岗位职责（定义任务），提供工作素材（上下文数据），规范输出标准（格式与质量要求），建立考核机制（评估与优化）。

3. 从"技巧"到"体系"的认知升级

1）三个关键转变

从"写提示"到"设计交互界面"：考虑用户输入的多样性，设计健壮的输入和输出接口。

从"单次优化"到"持续进化"：认识到提示词模板化需要随业务和模型的发展不断迭代。

从"技术专属"到"全员参与"：业务人员掌握基础流程化思维，才能精准定义需求。

2）给业务人员的三个行动建议

建立需求清单：每次提需求时明确输入是什么、要什么样的输出、禁止做什么。

参与测试标注：通过标注错误案例，帮助技术团队优化提示逻辑。

维护业务词典：持续更新行业术语、产品卖点等领域知识。

提示词模板化是提升 AI 交互质量的关键工具，通过标准化设计，可显著提升任务完成的效率和结果的准确性。实际应用中，需结合具体场景灵活调整模板，以实现最佳效果。

2.4　提示词框架 COKE 解读

接下来，笔者将携手各位读者，共同探寻与 AI 高效沟通的"秘密武器"——COKE 框架，深入解析其内在方法、实施步骤，并结合具体案例进行阐释说明。

2.4.1　COKE 框架介绍

COKE 框架基于北京大学新闻与传播学院陈刚教授的"数字化口语"新沟通范式理论研究，将复杂的人机交互精简为四个核心要素，通过四个要素将人类的模糊需求转化为 AI 可执行的精准任务，实现从"思考"到"行动"的闭环，旨在实现更自然、更高效的人机交流。其名称源自四要素的首字母缩写（C、O、K 和 E），如图 2-3 所示。

图 2-3

1. C（背景与角色，Context & Character）

该要素的核心是明确任务的场景和参与者的身份，确保 AI 理解"谁在什么情况下需要什么"。其价值在于通过精准的场景定位与角色化设计，提升智能体服务的能力和用户体验的满意度。

2. O（目标与选项，Objective & Options）

该要素的核心是定义目标（必须实现什么）和可选路径（如何实现），其价值在于通过目标拆解与多方案推荐，提升智能体服务的灵活性与用户决策效率，同时通过动态调整机制确保方案与用户偏好持续匹配。

3. K（知识输入与关键步骤，Emotion & Evaluation & Expectation）

该要素的核心是输入必要的数据（知识），并将其拆解为可执行的步骤，其价值在于通过知识赋能和步骤标准化，提升智能体在复杂任务中的执行效率与决策准确性。

4. E（情感、评估与预期，Knowledge Input & Key Steps）

该要素的核心是设定情感倾向（如正式、幽默）和验收标准，其价值在于通过情感共鸣、效果量化与预期对齐，提升用户体验与任务完成质量，为智能体服务注入温度。

2.4.2 COKE 框架案例

案例示范：为一家英语培训机构的线上课程设计朋友圈推广文案。

1. C（背景与角色）

（1）**背景**：英语培训机构推出"30 天口语速成班"，需通过朋友圈推广文案吸引职场人士报名。

（2）**角色**：机构运营人员，目标用户为 25～40 岁的职场人士，有英语提升需求但时间碎片化。

2. O（目标与选项）

（1）**目标**：文案发布后 24 小时内，咨询量超过 30 人，报名转化率大于 5%；塑造"高效、有趣、专业"的品牌形象。

（2）**选项**：强调"外教 1 对 1 指导"或"AI 智能纠音"；突出"碎片化学习"或"游戏化闯关"；避免"低价促销"或"卖惨式宣传"（如再不学就落后了这类话术）。

3. K（知识输入与关键步骤）

（1）**知识输入**：课程亮点为外教 1 对 1 指导、AI 智能纠音、碎片化学习、游戏化闯关；用户痛点为怕坚持不下来、担心学习枯燥、没时间。

（2）**关键步骤**：开头用痛点引发共鸣（如想学英语但总没时间？）；主体部分简短描述课程特色，给出行动激励（如送前 20 名报名者口语秘籍）；结尾营造紧迫感并增加信任背书（如外教团队平均拥有 10 年经验，名额有限）。

4. E（情感、评估与期望）

（1）**情感**：传递"轻松学习，快速提升"的积极情绪，避免焦虑。

（2）**评估标准**：是否包含关键信息（如课程名、时间、奖励）；是否激发行动欲（如立即咨询）。

（3）**期望**：文案点赞量超过 100，咨询转化率大于 8%。

输入 DeepSeek 的完整提示词如下：

> 作为英语培训机构的运营人员，需为 25～40 岁的、有英语提升需求但时间碎片化的、偏好轻松有趣学习方式的职场人士，设计一款"30 天口语速成班"的朋友圈推广文案，目标是在文案发布后 24 小时内实现咨询量≥30 人，报名转化率≥5%，文案可围绕"外教 1 对 1 指导""AI 智能纠音""碎片化学习""游戏化闯关"等课程亮点展开，避免"低价促销"或"卖惨式宣传"，具体设计时，开头可通过痛点引发共鸣，如"想学英语但总没时间"，主体部分描述课程特色并激励行动，如"送前 20 名报名者口语秘籍"，结尾营造紧迫感并增加信任背书，如"外教团队平均拥有 10 年经验，名额有限"，整体文案需传递"轻松学习，快速提升"的积极情绪，包含关键信息以激发行动欲，期望文案点赞量≥100，咨询转化率≥8%。

2.4.3 COKE 框架使用要领

在使用 COKE 框架时，先借助分析工具精准识别背景与角色特征，再遵循 SMART 原则，列举多路径并量化评估，然后整合知识、结合迭代方法规划路径并降低风险，最后设定 KPI 并建立监测机制，确保成果符合预期。其使用要领详细说明如下。

（1）C（背景与角色）：运用 5W1H 分析法和用户画像工具，精准识别问题背景（如时间、地点、用户状态）和核心角色（如消费者、管理层）的动机、痛点及能力边界。避免主观臆断，持续关注背景与角色变化，并用数据验证假设。

（2）O（目标与选项）：设定 SMART 目标（如具体、可衡量、可实现等），至少列举三个可行路径，通过决策矩阵量化评估选项。注意，避免目标冲突和创新陷阱，确保选项能够切实满足用户的需求。

（3）K（知识输入与关键步骤）：整合行业报告、用户反馈等外部知识，结合敏捷迭代方法规划实施路径。利用知识三角验证与 A/B 测试降低风险，同时防止信息过载和过度依赖外部资源。

（4）E（情感、评估与预期）：提前预判用户的情感接受度，设定 KPI 并建立监测机制。通过管理利益相关者期望和 A/B 测试来验证方案的效果，警惕情绪偏差和评估滞后性，保证预期与实际效果相符。

COKE 框架凭借四大核心要素，搭建起一座人机交互的桥梁，把人类难以清晰界定的模糊需求，转化为 AI 容易理解并付诸行动的具体任务，此方式既提升了智能体服务的精准度与用户体验，增强了服务灵活性和决策效率，保障了复杂任务的完成效率，又融入了人性化元素，推动人机交流向更自然、更高效且富有情感的方向发展。

3

DeepSeek 与 9 款工具协同实战

DeepSeek 有很强的分析推理能力，它精通各种语言，不仅可以跟你讲中文，还可以跟你讲英文。更让人惊讶的是，除了自然语言，它还可以跟你讲动画语言、图形语言、PPT 语言等，通过各种语言来表示各类内容，例如用图片、视频表示画面，用 Markdown 表示脑图、PPT 结构，用 Mermaid 表示流程图等，配合适当的转换工具，便能一键生成最终产物，即 DeepSeek + 中间语言 + 转换工具 = 最终产物。

本章聚焦"AI 工具链协同创新"，通过 9 个"DeepSeek + 行业工具"应用案例，系统展示 AI 如何与设计、办公、创作工具合作，实现"1+1>2"。每个案例均采用"场景需求—操作流程—实现效果"三维解析框架，帮助读者掌握 AI 赋能的自动化工作流构建方法。

通过对本章的学习，读者将有以下收获。

（1）**全栈操作能力**：覆盖文字、图像、视频、数据、图表、PPT 的多维度 AI 协同技巧。

（2）**工作流设计思维**：掌握"需求拆解、工具选型、流程优化"的方法论。

（3）**前瞻应用视野**：洞见 AI + 工具协同发展的趋势。

3.1　DeepSeek + 豆包 = 一键生成爆款文案

你还在为写不出爆款文案而发愁吗？看着别人的内容爆火，自己却毫无头绪，不知从何下笔？别焦虑，本节将带你解锁一键生成爆款文案的超实用技巧！

我们借助豆包强大的视频文案提取功能，快速获取各大平台爆款视频中的精华文案，依靠 DeepSeek 强大的分析及逻辑推理能力，深度剖析这些爆款文案的特点，提炼关键要素，进而生成专属爆款文案。不管你是力求推广品牌的品牌方，还是渴望提升影响力的自媒体人，抑或是想要提高销量的电商卖家，都能通过这套技巧迅速提升文案质量，轻松吸引海量流量！

3.1.1　操作流程

（1）**找爆款文案**：打开相应内容平台的 App→选择一条爆款视频→复制链接。

（2）**用豆包提取文案**：打开豆包 App→粘贴链接→提取文案→复制文案。

（3）**用 DeepSeek 分析爆款特点**：打开 DeepSeek→粘贴文案并输入提示词→生成爆款文案的特点。

（4）**用 DeepSeek 生成爆款文案**：在 DeepSeek 中输入提示词→生成爆款文案→复制文案。

（5）**用剪映生成视频（可选）**：打开剪映 App→选择"AI 图文成片"选项→粘贴文案→选择智能匹配素材→生成视频。

3.1.2　案例解读

案例示范：假如你是一位旅行博主，想生成一些爆款旅行文案，进而将文案制作成短视频，吸引流量。

第 1 步：找爆款文案。

- 打开相应内容平台的 App（以抖音为例）。

- 搜索"旅行"，从搜索结果中打开一条爆款视频（如点赞、收藏、转发数量高的）。

- 单击"转发"按钮后弹出分享页面，在分享页面中单击"分享链接"按钮，复制链接。

第 2 步：用豆包提取文案。

- 打开豆包 App。

- 在输入框中粘贴第 1 步复制的链接，并加上提示词"帮我提取以上链接中的文案"，单击"发送"按钮。

- 提取文案完毕后，长按文案、单击"复制"按钮，文案内容如下所示。

> 关于旅行的这段话深深地打动了我，人不会同时有钱、有时间还有心情，差不多就出发吧。有些事现在不做，以后就没有机会做了。月亮和六便士永远是天地之隔，欲买桂花同载酒终究是成年人的遗憾。人无法同时拥有青春和对青春的感受，那些始终没有出发的旅程你还准备奔赴吗？

第 3 步：用 DeepSeek 分析爆款特点。

- 打开 DeepSeek，选择深度思考模式。

- 粘贴第 2 步复制的文案，并加上提示词"帮我分析这条爆款文案的特点"，单击"发送"按钮。DeepSeek 将生成如下内容。

> 一、直击痛点的三段式结构
> 1. 资源困境悖论：钱、时间、心情不可兼得——用经济学"不可能三角"直戳当代人永远准备不好的困局。

2. 死亡隐喻压迫："没有机会"暗含生命有限性的哲学命题，将拖延成本上升到存在主义高度。

3. 代际情感勒索："成年人的遗憾"构建年龄焦虑，暗示此刻不作为将导致永久性身份缺失。

二、文化符号的跨时空共振

• 毛姆意象挪用：将《月亮与六便士》从艺术追求泛化为理想主义代称，完成经典IP的消费降维。

• 青春认知论：化用现象学"在场与缺席"理论，将旅行缺失转化为存在感知的残缺。

三、传播势能的多维营造

1. 否定性修辞矩阵：连续使用多个否定词，制造认知失调压力。

2. 时空折叠术：通过青春—成年—以后的时空压缩，激活受众的怀旧防御机制。

3. 元提问设计：最终的反问实为苏格拉底式诘问，将旅行选择上升为对生命态度的价值审判。

……

第4步：用DeepSeek生成爆款文案。

在DeepSeek中输入提示词"我是一个旅行博主，请结合以上爆款文案的特点，帮我生成30条200字左右的爆款文案，并输出标题"，单击"发送"按钮。DeepSeek生成的文案如下所示。

《凌晨三点的机票比日出更懂破晓的意义》

成年人的字典里从来没有"刚刚好"，存款清零的瞬间比余额数字更接近自由。去冰岛追极光的攻略在收藏夹躺成电子墓碑时，巴黎圣母院的玫瑰花窗已换了三季光影。不必等辞职信批红，那些你用来计算年假的Excel表格，终将成为困住哥伦布的航海图。订票页面跳转的60秒，足够让犹豫变成通往平行宇宙的虫洞。

第 5 步：用剪映生成视频（可选）。

- 在 DeepSeek 中复制以上文案，打开剪映 App。

- 在剪映 App 中选择"AI 图文成片"（如图 3-1 所示）选项，单击"自由编辑文案"选项（如图 3-2 所示）进入编辑页面，在输入框中粘贴文案，单击"应用"按钮弹出"成片选择方式"弹窗。

图 3-1

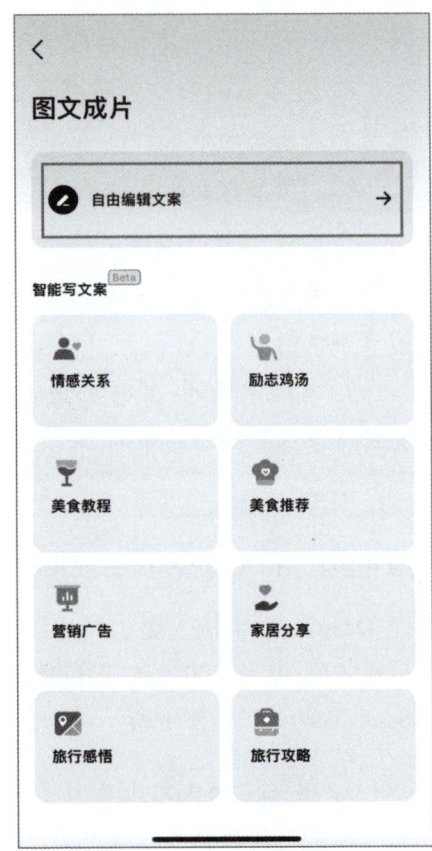

图 3-2

- 选择"智能匹配素材"（如图 3-3 所示）选项，单击"应用"按钮，图文视频生成完毕（如图 3-4 所示）。

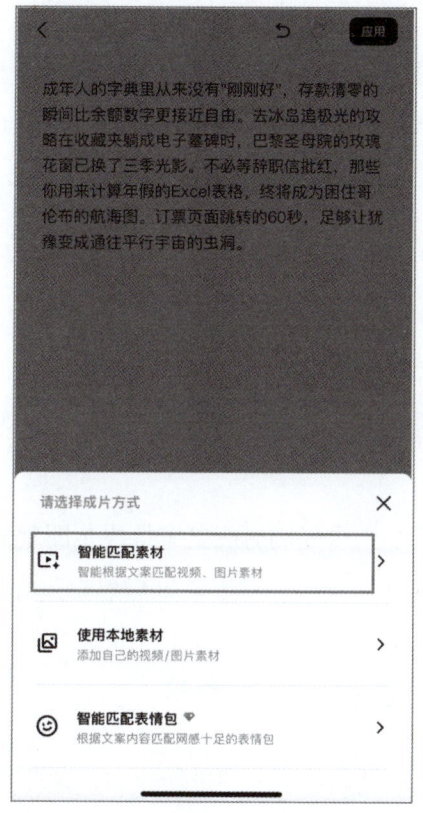

图 3-3

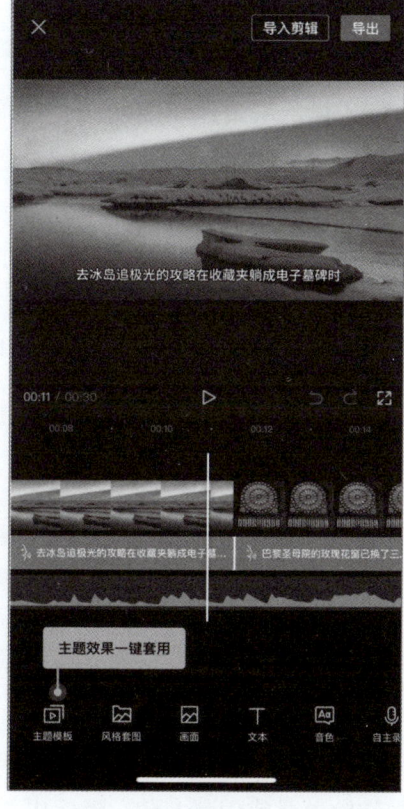

图 3-4

3.1.3　操作技巧

1. 精准捕捉爆款模板

（1）**平台选择**：优先在抖音、快手、小红书等内容平台上选择爆款内容，建议使用平台官方热榜或第三方工具辅助判断。

（2）**筛选标准**：快速判断爆款内容类型是否与目标领域匹配（如旅行、美妆、知识类），重点分析高互动量内容的核心结构（标题句式、节奏设计、情绪爆点）。

（3）**核心目标**：锁定 1 条可复用的爆款模板，复制它的链接。

2. 利用 DeepSeek 生成文案

（1）**工具操作**：可使用 DeepSeek 生成多条文案。

（2）**输入规范**：在提示词中明确文案字数，以及生成条数。

（3）**优化策略**：如果结果不符合预期，则可输入具体调整指令（如突出治愈感、松弛感、小众秘境等）。

3. 视频高效生产与优化

（1）**基础剪辑**：将 DeepSeek 生成的内容一键导入剪映。

（2）**进阶操作**：单击"导入剪辑"按钮，执行替换原始素材（支持自定义旅行实拍视频）或添加音频等操作。

（3）**素材升级**：如果 AI 配图与场景不符，则可复制对应文案片段至即梦 AI，生成高精度场景图。

3.2　DeepSeek + 即梦 AI = 一键生成精美图片

　　DeepSeek 宛如你思维的"超级引擎"，凭借卓越非凡的推理能力，源源不断地为你输送灵感创意，精心雕琢出一幅幅细致入微的画面文案，其中每一个字符都蕴含着无限想象。即梦 AI，则如同你手中的"魔法画笔"，只要给出文字，它便在数字画布上妙笔生花，将文字具象化为美轮美奂的图片。当 DeepSeek 与即梦 AI 强强联合时，就如同开启了一场"文字变图片"的奇幻魔法之旅，只需一键操作，就能将脑海中的奇思妙想转换为令人眼前一亮的精美图片，让创意表达变得轻而易举。

3.2.1　操作流程

　　（1）**用 DeepSeek 生成图片文案**：打开 DeepSeek→输入提示词→生成图片文案→复制文案。

（2）**用即梦 AI 生成精美图片**：打开即梦 AI App→单击"图片生成"按钮→粘贴复制的文案→生成图片。

（3）**图片生成视频（可选）**：单击图片→单击"生成视频"按钮→输入画面提示词→生成动态视频。

3.2.2　案例解读

案例示范：假如你是一名自媒体创作者，想要生成一张鲤鱼跳龙门嬉戏玩耍的图片。

第 1 步：用 DeepSeek 生成图片文案。

打开 DeepSeek，选择深度思考模式，输入提示词"我是一名自媒体创作者，请帮我生成鲤鱼跳龙门嬉戏玩耍的图片文案"，单击"发送"按钮，DeepSeek 将生成如下图片文案，复制文案。

> 【标题】《鲤跃龙门·嬉春图》——看这群锦鲤如何玩转千年传说！
>
> 【画面描述】
>
> 　霞光浸染的龙门瀑布下，五尾金红锦鲤逆流腾空：领头鲤鳞片泛着珠光冲破水帘，溅起的水珠在阳光下折射出七彩虹光；两尾稍小的鲤鱼用尾鳍互相泼水嬉闹，溅起的水花在空中凝成晶莹的玉环；另一尾调皮锦鲤竟侧身翻起鲤鱼式"后空翻"，惊得岸边桃花簌簌飘落。瀑布顶端隐约浮现祥云缭绕的琉璃牌坊，倒映在水面的龙影正含笑注视着这群活泼的"考生"。
>
> 【分镜建议】
>
> 　广角镜头：仰拍 45° 展现瀑布全貌，利用慢门拍摄丝绸状水流。
>
> 　高速摄影：捕捉领头鲤破水瞬间的皇冠状水花。
>
> 　微观视角：特写两尾锦鲤尾鳍交叠形成的心形水波纹。
>
> 　创意构图：将瀑布顶端虚化的龙门与倒影中的龙形组合成太极图式结构。

【设计注释】

......

第 2 步：用即梦 AI 生成精美图片。

打开即梦 AI App，单击底部导航栏中的"想象"按钮，切换到想象页面，选择"图片生成"选项（如图 3-5 所示），跳转到图片生成页面，在输入框中粘贴第 1 步复制的文案，单击"生成"按钮（如图 3-6 所示），自动生成 4 张图片（如图 3-7 所示），选择喜欢的图片进行编辑并发布。

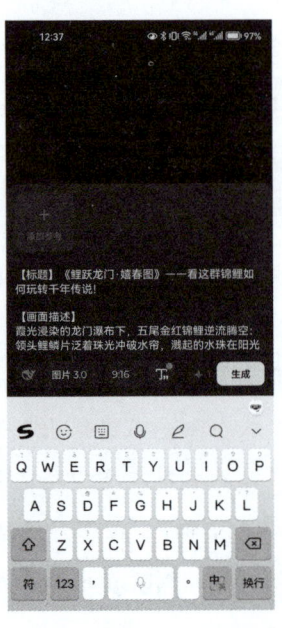
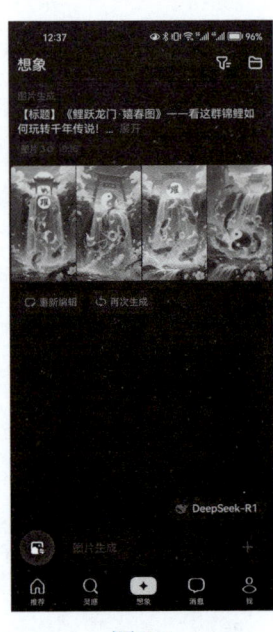

图 3-5   图 3-6   图 3-7

第 3 步：图片生成视频（可选）。

选中生成的任意一张图片，单击"生成视频"（如图 3-8 所示）按钮，在输入框中输入画面提示词，如"瀑布如银练飞泻，锦鲤于水中灵动跃起，远处巨龙盘踞山峦，共同演绎一场奇幻的中式浪漫之景"，生成视频（如图 3-9 所示）。还可以在视频页面单击"AI 音效"按钮，添加声音（如图 3-10 所示）。

图 3-8

图 3-9

图 3-10

3.2.3　操作技巧

1. 利用 DeepSeek 精准生成图片文案

当借助 DeepSeek 生成图片文案时，掌握提示词技巧是关键。你需要清晰地界定角色、任务及具体要求，以构建生动且明确的场景。例如，想要创作"小女孩在花海中翩翩起舞"的图片文案，就要精准地向 DeepSeek 传达"小女孩"这个角色、"翩翩起舞"的任务，以及"花海"的场景设定。倘若生成的文案与你的预期存在偏差，也不必着急，只需进一步输入细化思路，如"着重描述小女孩裙摆飘动的姿态与脸上洋溢的笑容"，DeepSeek 便能快速优化文案，使其更贴合你的想象。

2. 利用即梦 AI 全方位拓展创作可能

在即梦 AI 生成精美图片后，创作之旅并未结束。你可以输入改图提示词，如"将图片色调调整为暖色系"，即可对图片进行重塑，使其风格焕然一新。不仅如此，即梦 AI 的"生成视频"功能很强大，它能将静态图片转化为动态视频，并根据画面氛围匹配适合的音效，让你的作品瞬间鲜活起来。

3. 即梦 AI 与抖音高效互联

使用抖音账号登录即梦 AI 能大幅简化你的创作流程。在你完成图片或视频的创作后，无须烦琐的步骤，一键即可将作品发布到抖音平台，让你的作品更快地触达广大抖音用户，有效扩大传播范围。

4. 即梦 AI 与 DeepSeek 深度协作，开启高效创作新体验

当下，即梦 AI 的"图片生成"功能已接入 DeepSeek，在即梦 AI 的操作界面中，依次单击"想象"→"图片生成"→"DeepSeek"按钮，即可借助 DeepSeek 强大的文案生成能力，快速生成符合你需求的文案，随后即刻生成图片。这一深度协作模式让创作过程变得流畅而高效，为你带来前所未有的丝滑创作体验。

3.3 DeepSeek + 剪映 = 一键生成视频

DeepSeek 堪称你的专属"编剧"，它凭借强大的推理能力，紧扣创意需求，精心创作出逻辑缜密、情节吸睛的高质量视频脚本。剪映则如技艺精湛的"导演"，接手 DeepSeek 生成的脚本后，智能匹配素材、巧妙剪辑，将文案转化为视频。将二者结合使用，将开启"文字变视频"的魔法。

3.3.1 操作流程

（1）**用 DeepSeek 生成文案**：打开 DeepSeek→输入提示词→生成文案→复制文案。

（2）**用剪映生成视频**：打开剪映 App→单击"AI 故事成片"按钮→粘贴复制的文案→生成视频。

3.3.2 案例解读

案例示范：假如你是一名"80 后"，想生成一段童年视频，来怀念童年并引起共鸣。

第 1 步：用 DeepSeek 生成文案。

打开 DeepSeek，选择深度思考模式，输入提示词"我是一名'80 后'，请帮我生成一段 20 世纪 80 年代的童年乡村生活文案，并配上标题。要求 300 字内，符合短视频逻辑，能直接在剪映中使用"，单击"发送"按钮，DeepSeek 将生成如下文案，复制文案。

标题：【时光胶片】1980—1990 年永不褪色的童年盛夏

[画面：泛黄老照片渐变到夏日稻田]

"放学铃声撞碎蝉鸣，铁环滚过晒谷场的车辙印

书包甩上草垛，弹珠在泥地里撞出彩虹

纸面包拍碎夕阳，裤脚沾满田埂的野花香"

[镜头切至老式二八杠自行车特写]

"外婆的蒲扇摇啊摇

竹床上的银河淌过半个村庄

冰棍车叮当响过村口

五毛钱能买下整个夏天的清凉"

[画面：萤火虫在玻璃瓶里闪烁]

"露天电影幕布晃着星子

偷摸爬上邻居家的枣树墙

黑白电视跳着雪花点

却装得下金庸的江湖与西游的月光"

[结尾定格手绘童年场景]

"纸飞机穿过三十年时光

那些追过风的身影啊

依然在记忆的麦浪里闪闪发亮

#80 后集体回忆 #致我们终将怀念的童年"

第 2 步：用剪映生成视频。

打开剪映 App，单击"AI 图文成片"按钮进入 AI 图文成片界面，单击"AI

故事成片"按钮（如图 3-11 所示）进入 AI 故事成片页面，在文本框中粘贴第 1 步复制的文案，并选择画面风格，单击"生成视频"（如图 3-12 所示）按钮，自动生成图文视频（如图 3-13 所示）。

图 3-11　　　　　　　　　图 3-12　　　　　　　　　图 3-13

3.3.3　操作技巧

1. 利用 DeepSeek 优化文案

依据提示词规则，向 DeepSeek 阐明角色、任务及要求，如年轻探险家在神秘森林寻找失落宝藏，帮助其生成契合需求的画面文案。若结果欠佳，则输入修改方案，如增加森林环境的惊悚氛围描述，实现精准调优。

2. 利用剪映对视频进行精修

生成视频后，可以依据个人喜好调整音色，还能自主录音、为视频添加吸睛标题。若部分图片与场景不符，则用 3.2 节讲到的即梦 AI 生成适配图片替换即可。

3. 多元内容创作

视频内容创作方向多元化，可以依据历史故事、人物事迹生成短视频，也可以打造动漫、儿童故事、养生科普等视频，满足不同受众需求。

4. 剪映与 DeepSeek 联动

剪映的"AI 故事成片"已接入 DeepSeek，操作时，在剪映中单击"AI 故事成片"按钮，可一键生成视频，尽享高效创作体验。

3.4　DeepSeek + 飞影数字人 = 电子主播

你还在为想发布视频但不想真人出镜而发愁吗？还在为写稿、背稿、录制很多遍而想放弃吗？别着急，我们可以借助 DeepSeek 强大的推理分析能力，生成丰富且具有吸引力的视频文案。通过飞影数字人工具可以将照片、视频或者 AI 转换成数字人。将 DeepSeek 与飞影数字人结合，即可快速生成生动的电子主播。

3.4.1　操作流程

（1）**用 DeepSeek 生成视频文案**：打开 DeepSeek→输入提示词→生成文案→复制文案。

（2）**用飞影数字人生成素材**：打开飞影数字人→创建数字人→AI 生成素材。

（3）**用飞影数字人创建电子主播**：创作作品→粘贴复制的内容→选择声音和形象→生成电子主播。

3.4.2　案例解读

案例示范：假如你想通过短视频宣传自己的理念、推广自己的产品或服务，但又不想真人出镜，那么可以通过数字人轻松搞定。

第 1 步：用 DeepSeek 生成视频文案。

打开 DeepSeek，选择深度思考模式，输入提示词"我是一名主播，请帮我输出一份售卖无骨鸡爪的文案，要求控制在 200 字内"，单击"发送"按钮，DeepSeek 将生成如下文案，复制文案。

【一口入魂！暴风吸入的无骨鸡爪来啦！】

姐妹们！这绝对是我吃过的最棒的懒人快乐爪！360°手工去骨干净到发光，每只鸡爪都裹满红油辣子，脆骨筋连着胶质肉，酸辣鲜香直冲天灵盖！秘制酱汁 8 小时冰镇腌制，Q 弹到能 Duang 出屏幕。

追剧嗦爪直接封神！蒜香、酸辣、柠檬三味王炸，2℃锁鲜冷链直送，工厂凌晨现拆现做，防腐剂？不存在的！现在下单立减 10 元，拍 3 袋送酸辣海带结！弹牙脆爽根本停不下来，库存告急手慢无！点击下方小黄车，给我冲它！

第 2 步：用飞影数字人生成素材。

打开飞影数字人，单击"快速创建数字人"按钮弹出模式选择页面（如图 3-14 所示），选择"照片生成数字人"选项进入上传照片页面，上传照片并单击"提交"按钮进入创建数字人页面，填写姓名，单击"创建数字人"按钮，完成数字人创建（如图 3-15 所示）。

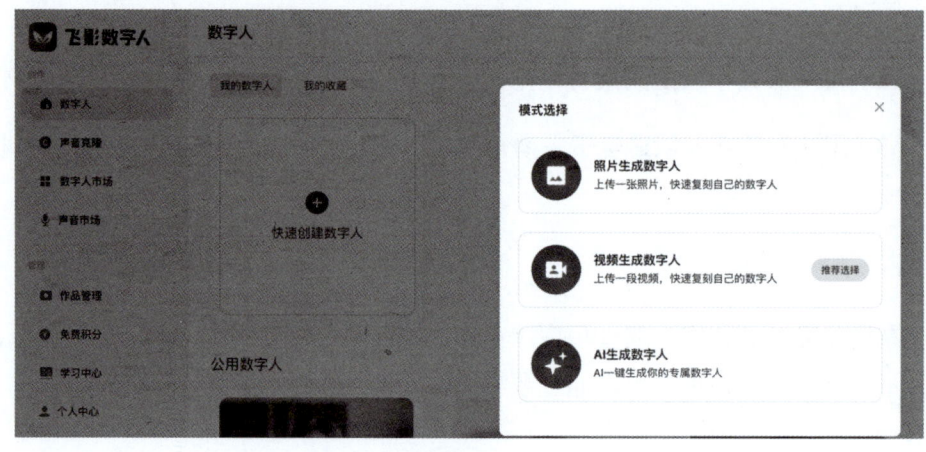

图 3-14

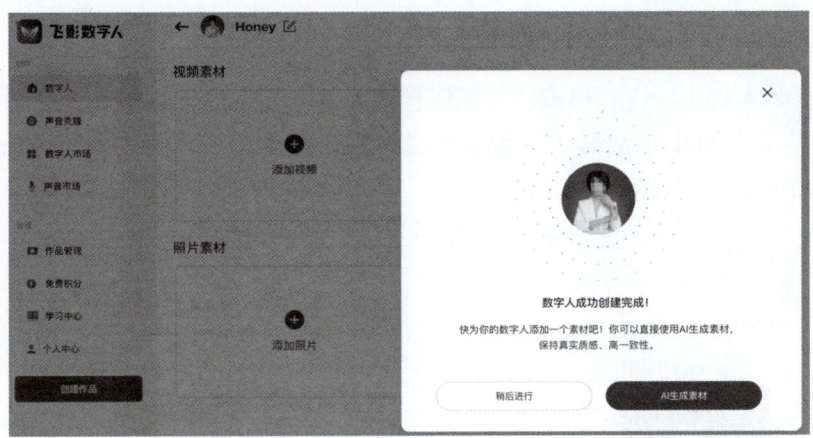

图 3-15

在数字人成功创建完成页面单击"AI 生成素材"按钮进入生成视频页面，单击"立即生成"按钮生成视频素材（如图 3-16 所示）。

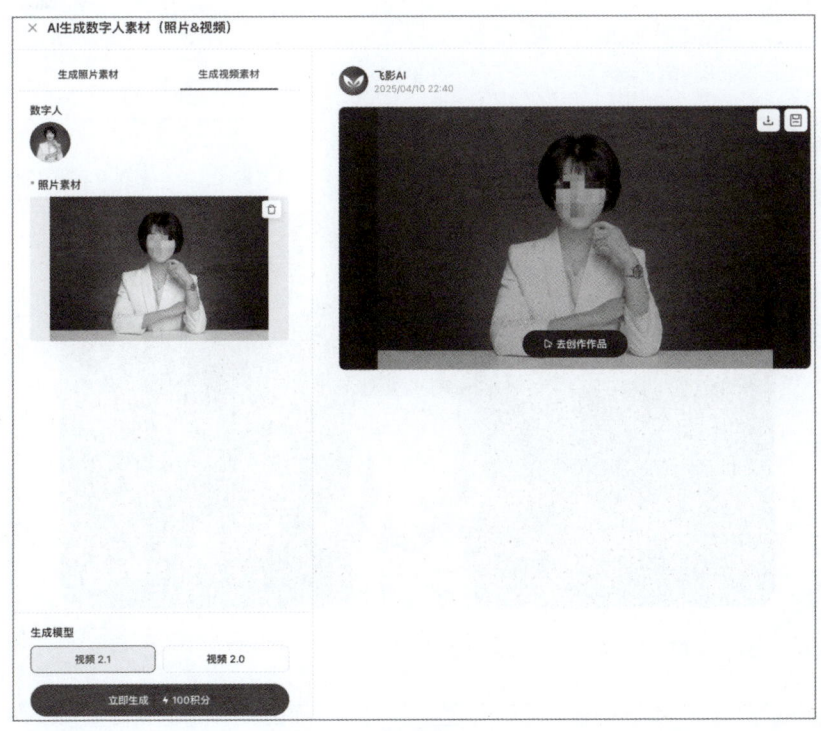

图 3-16

第 3 步：用飞影数字人创建电子主播。

在视频素材页面上，单击"去创作作品"按钮进入创建作品页面（如图 3-17 所示），在输入框中粘贴第 1 步复制的文案，单击底部"提交"按钮，生成电子主播视频（如图 3-18 所示）。

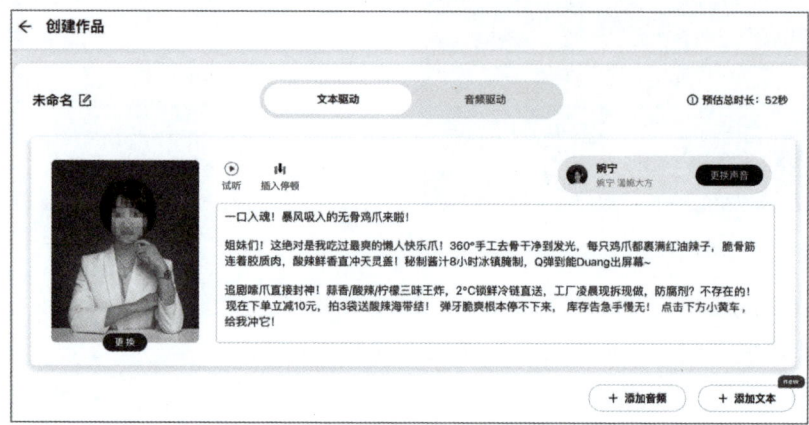

图 3-17

图 3-18

3.4.3　操作技巧

1. 视频文案优化

支持数字人创作的软件还有 Heygen、闪剪、可灵、腾讯云智能数智人、灰豚 AI 数字人等。

依据提示词规则，向 DeepSeek 阐明角色、任务及要求，帮助其生成契合需求的画面文案。若结果欠佳，则输入修改方案，实现精准调优。

2. 数字人效果优化

（1）在"创建作品"界面，可以通过"更换声音"按钮寻找更符合场景的声音，还可以在素材页面上单击"更换"按钮，临时更换其他素材。

（2）公用数字人：如果你不想用自己的照片生成数字人，那么也可直接在主页选择公用数字人，填入文案，生成符合需求的视频。

（3）声音克隆：如果你想用自己的声音生成视频，那么可以在主页单击左侧边栏的"声音克隆"按钮进入声音克隆页面，通过上传一段自己的声音完成声音克隆。

3.5　DeepSeek + 录音软件 = 一键生成会议纪要

录音软件宛如"随身录音机"，在会议全程精准捕捉每一句发言，不错过任何关键信息，并将会议音频转换为清晰的文字。DeepSeek 则如同专业高效的"智能助手"，接过转换好的文字内容，凭借强大的分析推理能力，梳理提炼出条理清晰、重点突出的会议纪要。将录音软件与 DeepSeek 结合，打造出一款可以"全自动生成会议纪要"的职场神器，让烦琐耗时的会议纪要工作变得简单轻松，极大地提升了职场办公效率。

3.5.1　操作流程

（1）**用录音软件录音并转文字**：打开录音软件→会议录音→音频转换成文字→导出文字。

（2）用 DeepSeek 生成会议纪要：打开 DeepSeek→上传文字附件→输入提示词→生成会议纪要。

3.5.2　案例解读

案例示范：假设你是一名市场专员，正在参加产品销售策略讨论会，会后需要生成一份会议纪要。

第 1 步：用录音软件录音并转文字。

打开录音软件录音，将音频转换成文字并存储到桌面备用。

第 2 步：用 DeepSeek 生成会议纪要。

打开 DeepSeek，单击"上传附件"按钮，上传第 1 步导出的文件，输入提示词"请根据以上文件内容帮我总结一份会议纪要，并制订行动计划，要求简洁易懂，责任到人"，单击"发送"按钮，DeepSeek 将生成以下会议纪要及行动计划。

会议纪要

会议主题：咖啡杯销售策略讨论会

参会部门：市场部、产品部、销售支持部

会议时间：待补充

一、核心讨论内容

1. 市场分析

趋势：消费者偏好个性化和高质量的咖啡杯，注重品牌价值和体验。

竞争：对手 B 公司新品形成直接竞争，需关注其策略并强化主题设计优势。

目标客户：25～40 岁中高收入群体，需进行针对性营销。

2. 销售现状

数据：第 1 季度销售额 1.5 亿元（同比增加 20%），高端产品利润高，中端产品竞争激烈。

区域差异：一线城市表现优秀，二三线城市潜力大，但需加强推广。

库存问题：季节限定款积压，需优化库存管理。

---

3. 策略方向

差异化与价格优化：强化产品独特性，灵活应对价格战。

品牌建设：故事化营销+精准数据驱动策略。

产品创新：开发新线，捆绑、限时促销消化库存。

团队与工具：CRM 系统升级、销售培训、激励机制。

4. 客户反馈与市场趋势

客户需求：功能创新+服务响应提速。

趋势：环保、智能化、线上渠道增长。

二、行动计划

行动目标	具体措施	责任人	完成时间
提升销售额	1. 线上渠道优化（加强电商平台建设，提升用户体验）。 2. 二三线城市推广活动	市场部××	Q3
……	……	……	……

3.5.3　操作技巧

1. 多元化录音软件助力内容抓取

挑选合适的录音软件是高效记录会议的第一步，讯飞听见、飞书妙记、Otter 等都是不错的选择，它们功能强大，能精准录制每一句话，并迅速将音频转化为清晰易读的文字，为后续生成会议纪要筑牢基础。

2. 利用 DeepSeek 优化会议纪要

借助 DeepSeek 生成会议纪要时，需要清晰阐述任务与要求，例如，提取会议中关于项目进度安排、责任分配的重点内容，生成简洁明了的会议纪要。若 DeepSeek 输出的内容未达预期，则继续输入修改要求，例如，补充会议中提到的项目难点及解决方案，通过持续优化生成完全契合需求的会议纪要。

3.6　DeepSeek + Xmind = 一键生成思维导图

DeepSeek 凭借强大的推理和分析能力，能够根据用户需求输出条理分明的逻辑框架。Xmind 如同技艺精湛的"画师"，运用丰富多样的图形元素和线条，将抽象的逻辑以直观、清晰的思维导图形式生动呈现出来。将 DeepSeek 与 Xmind 结合，宛如开启一场思维可视化的奇妙旅程，无论是学习知识、规划项目，还是梳理思路，都能助你一臂之力。

3.6.1　操作流程

（1）用 DeepSeek 生成内容：打开 DeepSeek→输入提示词→生成内容→复制内容。

（2）将内容存储为".md"格式：打开系统编辑器→粘贴内容→保存→存储为".md"格式。

（3）用 Xmind 生成思维导图：打开 Xmind→新建页面→导入文件→生成思维导图。

3.6.2　案例解读

案例示范：假如你是一名培训老师，想要生成一份"六顶思考帽"的培训大纲，以思维导图形式呈现。

第 1 步：用 DeepSeek 生成内容。

打开 DeepSeek，选择深度思考模式，输入提示词"我是一名培训老师，请帮我生成六顶思考帽的核心内容，生成一份思维导图，以 Markdown 格式输出"，DeepSeek 将生成以下内容，复制生成的内容。

> # 六顶思考帽思维导图
>
> ## 核心概念
>
> • 平行思维工具：爱德华·德·波诺提出，6 种角色化思维模式
>
> • 核心原则：聚焦思考方向，避免对抗性思维

```
## 六项帽子详解
### 1. 白帽
定义：信息与事实
关键点：
  • 收集客观数据
  • 区分事实与假设
  • 使用中性语言
典型问题：
  • 我们有哪些已知信息？
  • 需要补充哪些数据？
### 2. 红帽
……
```

第 2 步：将内容存储为".md"格式。

打开系统自带的文本编辑器，粘贴复制的文案，接着在导航栏中单击"格式"选项，在下拉菜单中选择"制作纯文本"选项（如图 3-19 所示），然后在导航栏中单击"文件"选项弹出菜单栏，单击"存储"按钮，将文件存储为".md"格式（如图 3-20 所示）。

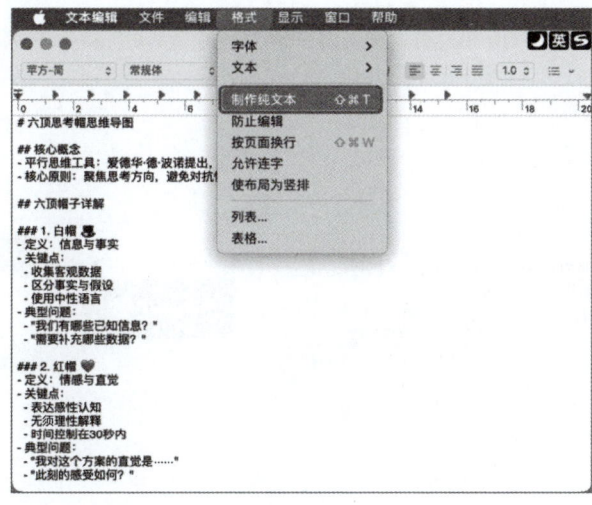

图 3-19

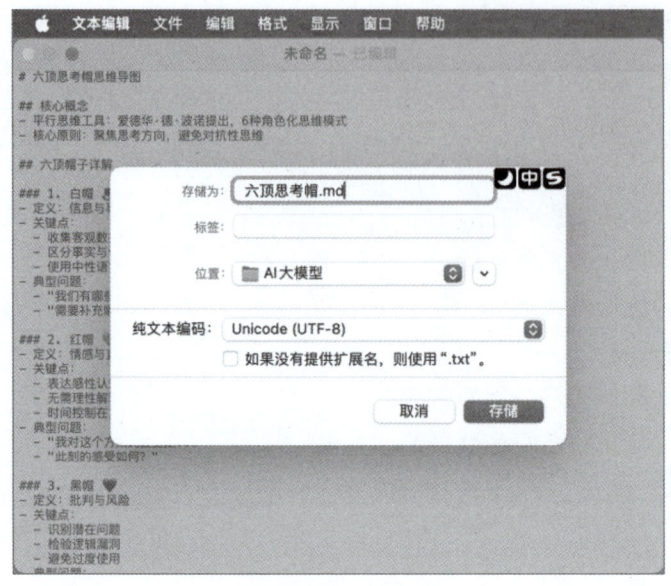

图 3-20

第 3 步：用 Xmind 生成思维导图。

打开 Xmind，新建一个页面，在导航栏单击"文件"选项弹出下拉菜单栏，选择"导入"→"Markdown"选项（如图 3-21 所示），选择建好的文件，自动生成思维导图（如图 3-22 所示）。

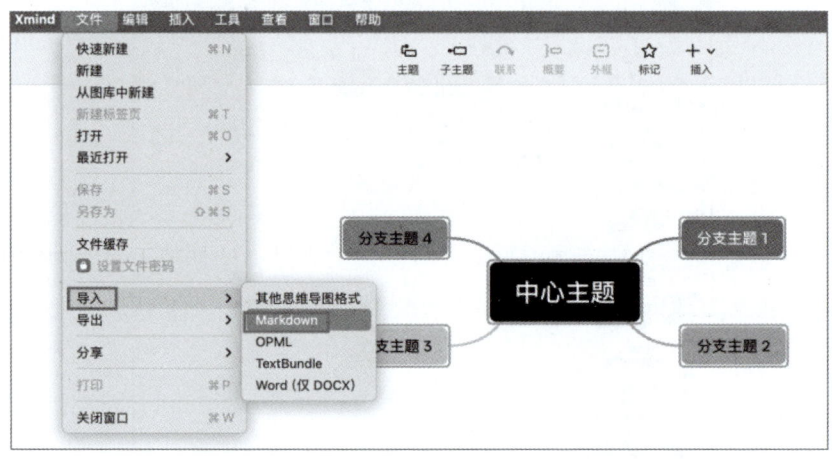

图 3-21

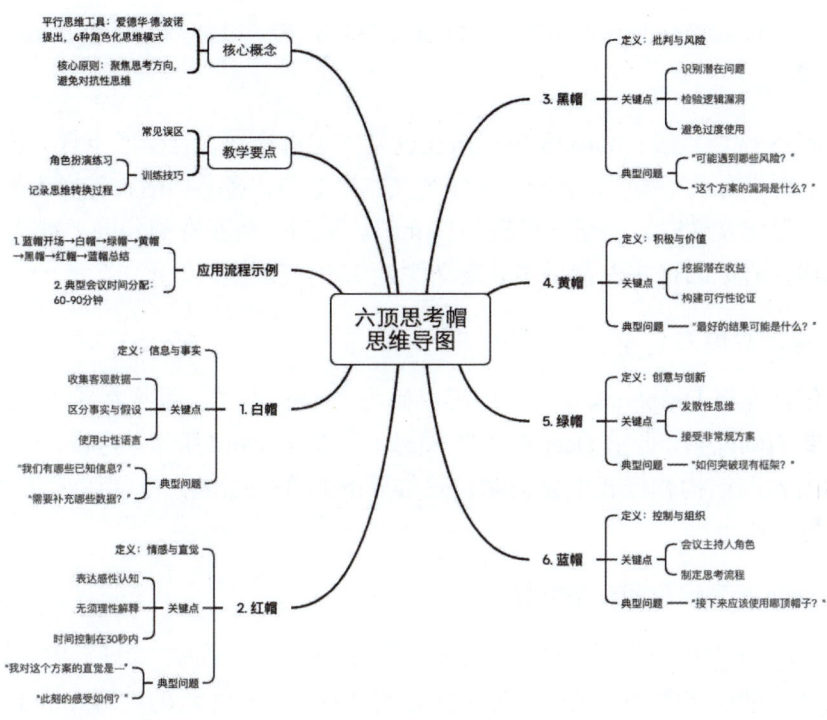

图 3-22

3.6.3　操作技巧

1. 利用 DeepSeek 实现内容精准定制

在借助 DeepSeek 生成适配 Xmind 的内容时，输入提示词环节至关重要，需要清晰指定输出格式。若期望生成的内容能顺畅导入 Xmind，则建议选择 Markdown 格式，它简洁通用，能完美适配 Xmind 的使用需求。若更习惯使用 Word，则可指定生成适合生成思维导图的 ".doc" 格式文件。在内容创作方面，你既可以上传相关附件，为 DeepSeek 提供基础素材，让其基于附件内容生成逻辑框架；也可以给定一个明确话题，充分发挥 DeepSeek 的推理能力，让它自主生成完整内容。

2. 规范存储为 ".md" 格式

Windows 操作系统：生成内容后，需使用记事本保存文件。保存完毕，要记得将文件名称后缀修改为".md"，确保文件格式正确，以便后续能被 Xmind 顺利识别和导入。

macOS 操作系统：macOS 用户需通过文本进行操作，且操作步骤更为精细。首先，单击"格式"按钮，选择"制作纯文本"选项，将文档格式转换为纯文本；接着，在存储文件时，将格式设置为".md"。最后，务必取消勾选"默认.txt 格式"选项，避免因格式设置错误导致文件无法正常使用。

3. 高效存储为".doc"格式

若你打算将 DeepSeek 生成的内容存储为".doc"格式，那么在输入提示词阶段就需要明确说明，要求 DeepSeek 生成思维导图的 Word 版本。这样，DeepSeek 生成的内容在结构和样式上会更贴合思维导图制作的需求，方便后续在 Xmind 中进行导入和处理。

4. Xmind 思维导图精细制作

在 Xmind 中生成思维导图时，首先要新建一个空白页面，为导入内容提供空间。然后，进行文件导入操作，将存储好的 DeepSeek 生成的内容（.md 或.doc 格式）导入 Xmind。成功导入后，可能需要对生成的思维导图进行优化，你可以根据自身需求，对节点样式、层级关系、分支内容等进行编辑调优，打造逻辑清晰、美观实用的思维导图。

3.7　DeepSeek + Kimi = 一键生成 PPT

DeepSeek 宛如一颗"超级大脑"，凭借强大的推理与分析能力，精准洞察你的意图，深度挖掘所需信息，精心梳理、组织，为你生成契合各类场景的高质量内容，无论是对商务汇报的核心要点，还是对教学课件的知识脉络，都能条理清晰地呈现。而 Kimi 恰似一双"妙手"，接过 DeepSeek 生成的内容，如同接到一份详尽的创作蓝图，将文字内容巧妙转化为布局合理、设计精美的 PPT，从主题页到内容页，从图文排版到动画效果，皆处理得恰到好处。DeepSeek 与 Kimi 强强联合，如同一部高效引擎，帮助你大幅提升工作效率，让曾经耗时费力的 PPT 制作工作变得轻松又快捷。

3.7.1　操作流程

（1）用 DeepSeek 生成内容：打开 DeepSeek→输入提示词→生成内容→复制内容。

（2）用 Kimi 生成 PPT：打开 Kimi→PPT 助手→粘贴内容并发送→一键生成 PPT。

3.7.2　案例解读

第 1 步：用 DeepSeek 生成内容。

打开 DeepSeek，选择深度思考模式，输入提示词："我是一名项目经理，要为团队做一次项目管理基础知识培训，请帮我输出一份项目管理知识框架。要求：1.包含五大过程组、十大知识领域等内容。2.生成 Markdown 格式的文本。"单击"发送"按钮，DeepSeek 将生成以下内容，复制生成的内容。

项目管理知识框架

五大过程组

启动过程组

- 制定项目章程
- 识别相关方
- 明确项目目标
- 任命项目经理

规划过程组

……

第 2 步：用 Kimi 生成 PPT。

打开 Kimi 的 PPT 助手，在输入框中粘贴第 1 步复制的内容，单击"发送"按钮（如图 3-23 所示）。Kimi 按照要求生成 PPT 大纲，单击"一键生成 PPT"按钮（如图 3-24 所示），弹出模板选择页面，选择一套模板（如图 3-25 所示），单击"生成 PPT"按钮，生成 PPT。

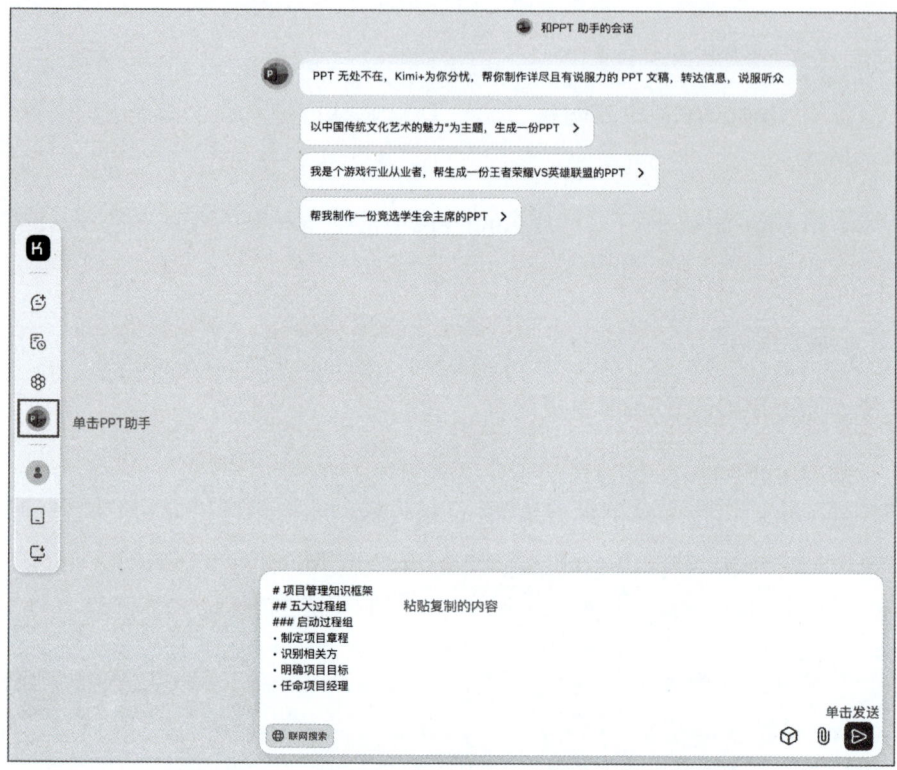

图 3-23

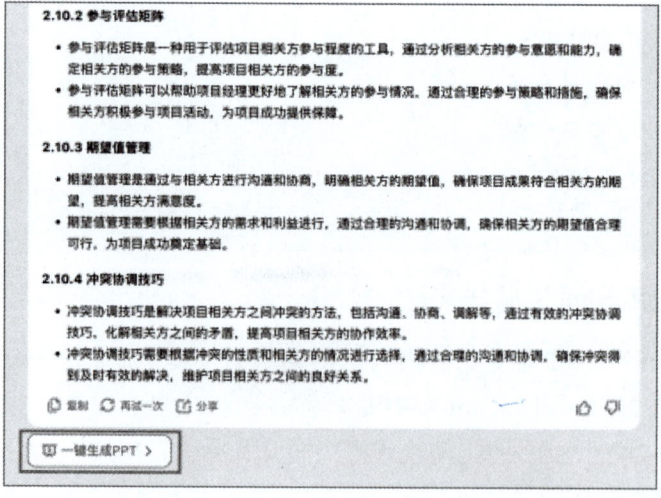

图 3-24

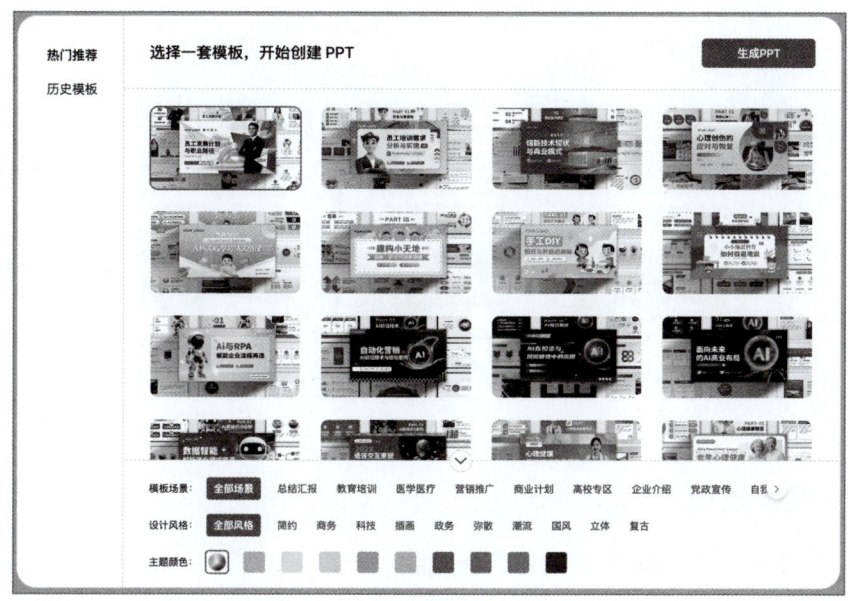

图 3-25

第 3 步：编辑或下载 PPT。

单击"去编辑"按钮进一步优化 PPT，或者单击"下载"按钮将 PPT 下载到本地（如图 3-26 所示），生成的 PPT 示例如图 3-27 所示。

图 3-26

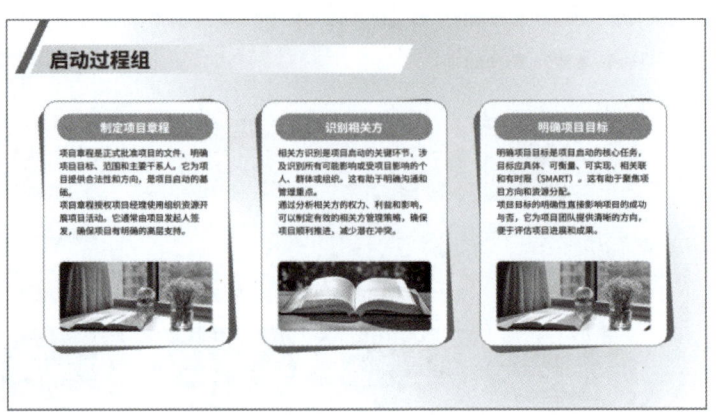

图 3-27

3.7.3 操作技巧

1. 利用 DeepSeek 实现内容深度定制

使用 DeepSeek 生成内容时，遵循提示词规则是关键。精准界定角色、任务与要求，能让生成的内容高度适配特定领域。例如，若要为医疗领域制作 PPT，则输入"请以医生角色为患者讲解糖尿病治疗方案，需包含病因、症状、治疗手段及日常注意事项，内容格式符合医学科普文档规范"。若生成内容存在偏差，则持续提出修改要求，如补充最新治疗药物的临床数据，直至得到令你满意的内容，为后续 PPT 制作筑牢基础。

2. 利用 Kimi 高效打造 PPT

将 DeepSeek 生成的内容粘贴至 Kimi 并发送后，Kimi 会自动依据内容大纲，进一步丰富表述，优化语句逻辑与细节。在 PPT 生成环节，充分利用 Kimi 丰富的模板库，根据不同使用场景挑选合适的模板。商务汇报可以选择简约大气的模板，凸显专业能力；教育培训可以选择色彩活泼、元素丰富的模板，增强视觉吸引力，确保信息展示清晰直观，提升整体演示效果。

3. 精细优化 PPT

生成 PPT 后，利用 Kimi 的"编辑"功能，开启深度优化之旅。"大纲编辑"功能可以调整内容结构，重新梳理要点层级；"模板替换"功能能一键更换风格，满足不同审美需求；"插入元素"功能支持添加图片、图表、形状等，丰富页面元素。通过这些操作，灵活定制 PPT，使之完全契合自身需求，更具个性色彩。

3.8　DeepSeek + WPS = 数据处理大师

DeepSeek 像你的"工作助手"，具有强大的推理能力和分析能力，可以按照给定的指令对同类型数据进行快速和高质量的处理，提高你的工作效率。

3.8.1　操作流程

（1）**基础准备**：用户注册并登录 WPS 账号。

（2）**数据分析**：通过 WPS 打开需要进行数据分析的文件→单击"WPS AI"按钮→单击"AI 数据分析"按钮→输入提示词→校验生成内容→存档备用。

3.8.2　案例解读

案例示范：假如你有一类数据，需每日对其进行高频处理，处理逻辑比较清晰，借助已接入 DeepSeek 的国产工具，如 WPS 进行处理，将会更高效。

第一步：基础准备。

（1）账号准备：打开 WPS，通过手机号码注册并登录账号（如图 3-28 所示），进入数据编辑窗口。

图 3-28

第二步：数据分析。

用 WPS 打开需要进行数据分析的 Excel 数据表。在 WPS 工具栏中单击"WPS AI"选项显示子功能，单击"AI 数据分析"选项，在输入框中输入提示词："帮我看一下每天的交易单号，以柱形图展示，按照从多到少的顺序。"单击"执行"按钮后，即可完成数据表的自动化分析（如图 3-29 所示），大幅提高数据处理的效率和能力。

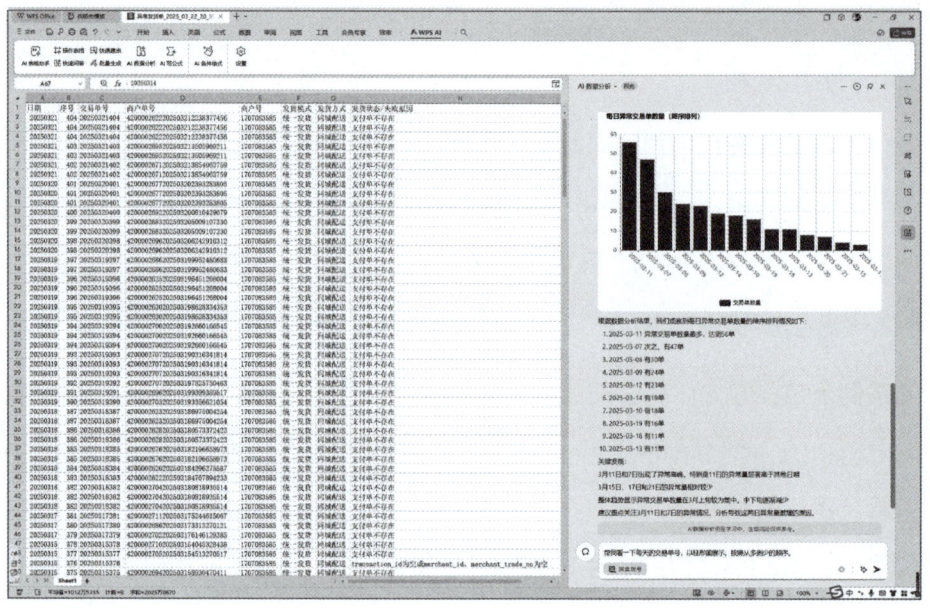

图 3-29

3.8.3 操作技巧

1. 数据准备

准备数据时，一个文件最好只有一个 Sheet 数据源，目标数据区域无空白单元格，否则会导致与 DeepSeek 交互时指令更复杂，降低 DeepSeek 输出的效率和输出结果的准确度。

2. 提示词优化

需要明确目标，清晰描述希望实现的计算逻辑和路径，逻辑不冲突，否则会导致 DeepSeek 根据自己的理解"自由发挥"。

3. 输出结果的使用

由于可能存在交互指令描述不清晰、数据表结构异常、数据表结构复杂等情况，DeepSeek 输出的结果可能不能直接拿来使用，需要结合数据行数、关键的累加值、关键字段、关键逻辑等进行仔细校正，检查无误后方可使用。

4. 交互指令的复用

DeepSeek 对历史对话暂时无记忆，我们需要将已经成功实现预期效果的提示词单独存储，以便后续处理同类材料时使用。

3.9　DeepSeek + Mermaid = 一键生成流程图

DeepSeek 犹如拥有无穷智慧的"超级大脑"，凭借卓越的智能运算与分析能力，可深度剖析你的需求。无论是对复杂业务流程的梳理，还是对项目步骤的规划，它都能依照专业标准精准输出逻辑严谨的内容，确保每个环节都条理分明。Mermaid 则宛如一位技艺精湛的"图表大师"，当接收到 DeepSeek 精心生成的文字信息后，即刻施展神奇"魔法"，以流畅的线条、简洁的图形，将抽象文字巧妙地转化为直观易懂的流程图，从流程走向到节点标注，每一处细节都处理得恰到好处。当 DeepSeek 与 Mermaid 携手时，可以跨越文字与图形的界限，迅速生成专业、精美的流程图，让复杂思路瞬间清晰呈现，为工作与学习带来极大便利。

3.9.1　操作流程

（1）**用 DeepSeek 生成内容**：打开 DeepSeek→输入提示词→生成内容→复制内容。

（2）**用 Mermaid 生成流程图**：打开 Mermaid→粘贴复制的内容→生成流程图。

3.9.2　案例解读

案例示范：你是一名项目经理，想画一个项目管理流程图，以便帮助团队清晰地了解项目的全过程。

第 1 步：用 DeepSeek 生成内容。

打开 DeepSeek，选择深度思考模式，输入提示词"我是一名项目经理，帮我生成一个项目管理流程图，以便团队清晰地了解项目的全流程，可以用 Mermaid 生成图表"，单击"发送"按钮，DeepSeek 将生成以下内容，复制生成的内容。

```
graph TD
    A[项目启动] --> B[项目规划]
    B --> C[项目执行]
    C --> D[项目监控]
    D --> C
    D --> E[项目收尾]


    subgraph 项目启动
    A1[项目立项审批]
    ……
```

第 2 步：用 Mermaid 生成流程图。

打开 Mermaid，在代码框中粘贴复制的内容（如图 3-30 所示），生成的流程图如图 3-31 和图 3-32 所示。

图 3-30

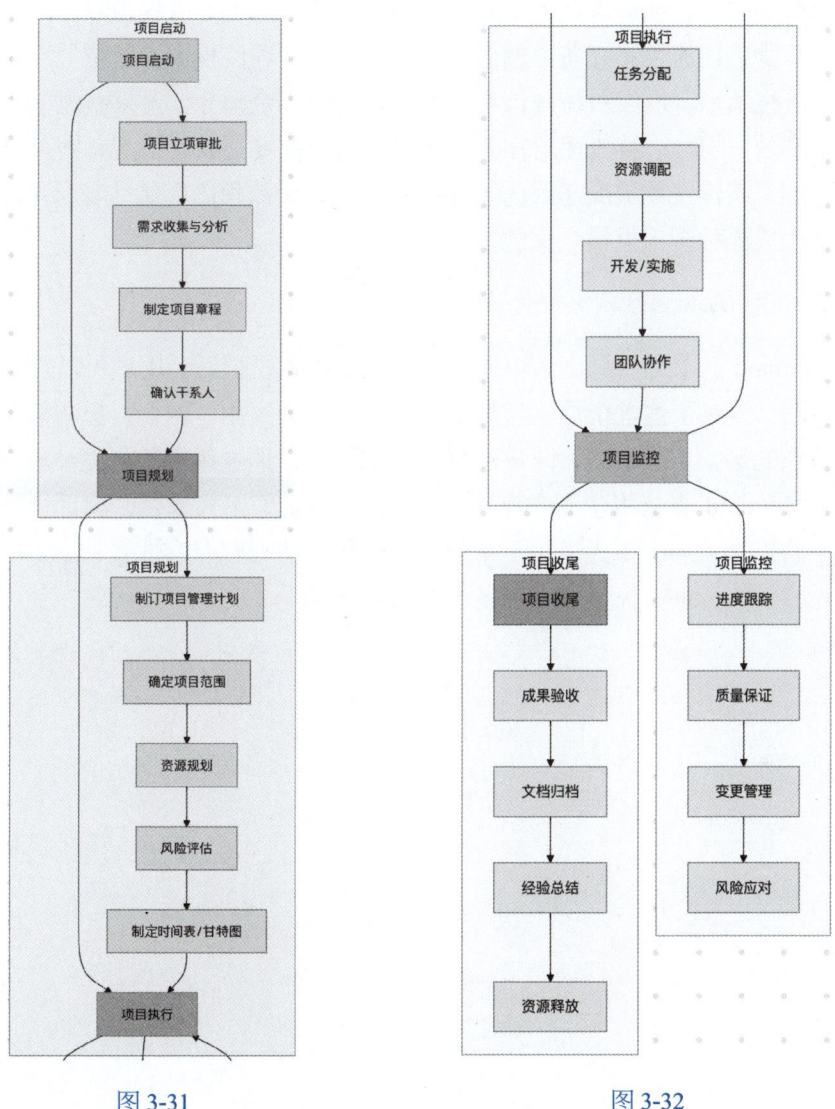

图 3-31　　　　　　　　　　　　　　　图 3-32

3.9.3　操作技巧

1. 利用 DeepSeek 精准定制流程内容

借助 DeepSeek 生成流程内容时，可以依据具体项目的实际需求，灵活且精准地调整细节。若项目涉及复杂业务，则可以按需添加子流程节点，详细阐述各个分支步骤，让流程更完备。例如，在电商订单处理流程中，新增"异常订单审核"子流程节点，以应对特殊情况。反之，对于冗余部分，可果断删减，确保流程简单高效。同时，若流程内容存在表述不清或需要更新的情况，则可以轻松修改，例如，将传统物流配送改为智能物流配送，使流程内容始终契合项目发展，为后续生成流程图提供最合适的基础文本。

2. 利用 Mermaid 精细优化流程图

Mermaid 赋予用户深度编辑的权限，在生成流程图后，用户可以直接在代码块中修改，这对于追求个性化与精准度的用户尤为实用。例如，想调整流程图中某个节点的形状、颜色或者改变流程箭头的样式，通过编辑代码就能轻松实现。此外，Mermaid 支持将生成的流程图以.png、.svg 等格式保存，满足用户在不同场景下的需求。.png 格式适用于常规展示，图像清晰且兼容性强；.svg 格式则在需要无损缩放、编辑矢量图形等场景下更具优势。

4

DeepSeek 全场景应用
实战

在数字化转型的浪潮中，AI 技术已成为提升个人效率的重要工具。本章将系统介绍 DeepSeek 在生活、工作、创意和 AI 编程四大场景的应用。通过学习本章，读者能显著提升工作效率，提高生活品质。

4.1 生活篇

面对快节奏生活中的高频痛点，DeepSeek 以"即问即答"的实用主义设计，成为人人都能轻松上手的生活工具。"久坐族"输入"如何缓解肩颈酸痛"，DeepSeek 可给出分时段拉伸动作表；理财新手输入"怎样控制冲动消费"，DeepSeek 会自动生成带 24 小时冷静期的决策流程；旅行前输入"周末××城市游玩路线"，DeepSeek 能立刻输出含景点密度评分和预算控制的方案——无须复杂的术语，不用下载插件，打开 DeepSeek 对话框就是解决问题的起点。

在科学减肥场景中，DeepSeek 既能制订 21 天睡眠改善计划，也能自动生成适合生理期的食谱组合；在家庭场景中，DeepSeek 可生成亲子沟通温度评估表，或设计家务分工智能排班模板；针对职场人士，DeepSeek 可以为他们制定 5 分钟冥想指南、会议防拖延管控表等，直击其痛点；DeepSeek 制订的旅行攻略和购物决策树，更是将专业建议转化为新手可执行的步骤清单……

DeepSeek 将健康、理财、家庭等场景的解决方案标准化，用户无须学习专业技术，只要输入自己的问题，就能获得带具体操作说明、可视化模板的应答包，这是 AI 技术对普通人最实在的赋能。

4.1.1　科学减肥

DeepSeek 在科学减肥中扮演着"专业营养师和健身教练"的角色，通过设计个性化方案、饮食优化和运动规划，为用户量身定制高效减重计划。另外，它可以结合基础代谢计算、热量缺口设定和饮食偏好，提供从外卖选择到"防暴食"策略的全方位指导。同时，针对生理期、健身平台期等特殊阶段提供动态调整建议，助力用户科学减肥。

1. 提示词模板

> 　　作为专业营养师和健身教练，请根据以下信息为我制订为期[时长]的个性化减肥方案：
>
> 　　【个人基础信息】
>
> 　　年龄：[填写]；性别：[填写]；身高：[cm]；当前体重：[kg]；目标体重：[kg]；BMI：[可选填写]；体脂率：[如有数据]
>
> 　　【生活状态】
>
> 　　职业性质：[办公室久坐、体力劳动或其他]
>
> 　　日常作息：[如 23:00—次日 7:00 睡眠]
>
> 　　可用运动时间：[每日/每周可安排时长]
>
> 　　饮食准备条件：[如可自备餐、外卖为主、食堂]
>
> 　　【运动基础】
>
> 　　运动频率：[次/周]
>
> 　　擅长运动类型：[如跑步、游泳、无经验等]
>
> 　　器械条件：[如健身房、居家、无器械]
>
> 　　伤病情况：[如有，请说明]

【饮食偏好】

忌口食物：[如海鲜、乳制品等]

饮食偏好：[如低碳、低脂、素食等]

每日餐次：[如三餐+两次加餐]

烹饪能力：[如熟练、会简单烹饪、无]

【特别需求】

希望减重速度：[kg/周]

重点改善部位：[如腰腹、大腿]

需避免的运动/饮食方式：

其他：

请包括：

阶段性目标拆分（周/月）、每日膳食计划（附热量及营养素）、制订训练计划（含强度、时长、渐进调整）、生活习惯改善建议、健康监测指标、健身平台期应对策略。

2. 案例解读

案例示范： 为了保持良好身材，制订一份减肥计划。提示词如下所示：

28 岁女性，身高 165cm，体重 68kg，目标体重 60kg。互联网从业者，日均久坐 10 小时，23:30 入睡。可用运动时间：工作日晚间 1 小时+周末上午。饮食以外卖为主，要求每日餐费控制在 50 元以内。有跳绳习惯但膝盖敏感，需要低冲击运动。希望方案包含防暴食策略和生理期调整建议。

DeepSeek 输出内容如下：

根据你的情况，我为你制订了一份兼顾科学性和执行性的健康减重方案，结合饮食管理、运动规划、防暴食策略和生理期调整建议，以下是详细内容：

一、基础代谢率与热量规划

1. 基础代谢率（BMR）：约 1410kcal/日。

2. 活动系数：久坐办公（1.2），日消耗约 1690kcal。

> 3. 减重热量缺口：建议每日摄入 1400～1500kcal（温和减脂），结合运动额外消耗 200～300kcal。
>
> 二、外卖饮食方案（50 元/日预算）
>
> ……

3. 小贴士

除以上方案外，笔者再为读者补充几个常见的生活小技巧。

1）3 分钟定制"防暴食急救包"（每周更新）

打开 DeepSeek，输入："给出 5 种 100kcal 以下、保质期 3 天以上的便携防暴食零食，价格低于 5 元。"获得清单为海苔脆片 3 包（90kcal）、即食魔芋爽 2 袋（80kcal）……根据清单可在及时达类型的购买软件（如小象超市等）上下单，将零食分装成随身包。然后，设置手机闹钟提醒，如下午 3 点"吃 1 包魔芋爽+喝 200ml 水"，防止下班前暴食。

2）一键式"外卖红绿灯表"（每月更新 1 次）

打开 DeepSeek，输入："我生活在北京市朝阳区，每天餐费预算 50 元，推荐 5 家适合减脂期吃的外卖店，附上具体套餐和食品的热量。"获得结果为【绿灯食物】沙野轻食（香煎鸡胸杂粮饭约 450kcal，价格 25 元），【红灯食物】永和大王（卤肉饭套餐约 780kcal，高钠警告）。将结果截图设为手机屏保，以便随时提醒自己。

3）生理期"3 键切换法"

（1）月经前 3 天（暴躁期）。打开 DeepSeek，输入："生理期前特别想吃甜食，有替代品吗？"DeepSeek 输出："蒸苹果（切块+肉桂粉）……"

（2）月经过程中（虚弱期）。用手机拍照外卖订单发送给 DeepSeek，并输入文字："这份猪肝菠菜粥能补铁吗？"根据 DeepSeek 的回复调整份量。

（3）月经后 7 天（黄金期）。早晨空腹称重后，打开 DeepSeek，输入："体重比上周降 0.5kg，本周运动计划要增加吗？"按 DeepSeek 回复调整跳绳次数（如从 500 次增加到 700 次）。

4.1.2　投资理财

用户可将 DeepSeek 作为智能理财助手，通过输入详细的收入、支出、资产及目标等结构化数据，获取个性化的资产配置方案（含比例分配、工具推荐及执行步骤）。DeepSeek 将结合用户的风险偏好与目标优先级，提供动态的投资理财建议，帮助用户建立科学、可落地的理财规划路径。

1. 提示词模板

请根据以下信息，为我制订一份详细的理财方案：

1. 个人财务状况

月收入：税后金额（如 8000 元）。

月支出：细分项目（如房租 2000 元、餐饮 1500 元、交通 300 元等）。

现有资产：存款、房产、现有投资产品及金额（如存款 5 万元、股票 2 万元）。

负债：贷款、信用卡欠款等（如助学贷款 3 万元，利率 4%）。

紧急备用金：当前储备（如 3 个月生活费）。

2. 理财目标（按优先级排序）

目标 1：金额+用途+期限（如 3 年内攒够 20 万元购房首付）。

目标 2：如 5 年攒子女教育基金 10 万元。

目标 3：长期规划（如 30 年后每月可攒 5000 元）。

3. 风险偏好

自我评估：保守、稳健、激进（可补充能接受的最大亏损幅度，如 10%）。

投资经验：新手或有一定经验。

4. 投资期限

各目标对应的时间跨度（如目标 1 为短期 3 年，目标 3 为长期 30 年）。

5. 特殊需求

流动性要求：是否需要随时取用部分资金?

其他考虑：如是否需要保险规划、是否有计划移民等。

6. 期望的方案

资产分配比例，如股票 30%、债券 50%、现金 20%。

推荐金融工具：给出具体的产品类型或名称，如指数基金、国债。

分阶段执行的步骤，如先还清高息负债，再定投基金。

风险控制策略，如止损点设定、定期再平衡。

2. 案例解读

案例示范：为了保持家庭资产均衡，制订一份投资理财计划。提示词如下所示：

我月收入 8000 元，月支出 4000 元（明细：房租 2000 元、饮食 1500 元、其他 500 元），现有存款 5 万元，无负债。目标：两年内攒 10 万元留学费用，风险承受能力中等（能接受 15%的亏损幅度），期望的理财计划包含低风险基金和定期存款建议，并给出每月储蓄计划。

DeepSeek 输出内容如下：

根据你的财务状况和目标，以下是为你量身定制的方案：

一、目标可行性分析

现有存款：5 万元。

月储蓄能力：8000-4000 = 4000 元。

两年自然储蓄总额：50000 + (4000×24) = 14.6 万元。

结论：单纯储蓄即可轻松超额完成目标，但通过投资可优化收益并降低流动性压力。

二、资产配置方案（平衡稳健与收益）

1. 现有的 5 万元如何分配

类别	比例	金额	产品建议	预期年化收益	风险说明
定期存款	60%	3万元	1年期银行定存（自动转存）	1.5%~2%	保本无风险
低风险基金	40%	2万元	纯债基金/偏债混合基金	3%~5%	最大回撤 < 10%

2. 每月 4000 元储蓄分配

……

3. 小贴士

掌握了以上理财规划方法，再搭配几个简单易操作的实用小技巧，能更快实现你的财务目标。

1）"3 秒选基法"

在 DeepSeek 中输入如下提示词，生成 DeepSeek 推荐的基金名称。打开理财软件，在首页搜索 DeepSeek 推荐的基金名称，选择定投，设置为"每周四投400 元"。

> 我要买债券基金，请直接给我 5 个债券基金的名字：①纯债基金。②规模 50 亿元以上。③最近 1 年没亏过钱。④能用支付宝买。

2）"防坑检查套餐"

用户可以向 DeepSeek 发送指定格式的避坑"检查项"，根据 DeepSeek 生成的"参考答案"，获取理财避坑建议。具体内容参考表 4-1。

表 4-1

检查项	操作指引	参考答案
基金是否踩雷	向 DeepSeek 输入："××基金最近 3 个月有暴雷风险吗？只回答有或没有"	回答"没有"就留着
钱够不够目标	向 DeepSeek 输入："我现在有×万元，每月存 4000 元，2 年后能存到 10 万元吗？只回答能或不能"	回答"能"就不用管

3）"应急锦囊"

随时向 DeepSeek 提问，获取明确建议，具体场景可参考表 4-2。

表 4-2

场景	向 DeepSeek 提问	行动建议
急用钱	输入你持有的理财产品清单，并提问："我要立刻取出 1 万元，动哪个理财产品损失最小？直接回复我产品名"	参考回答进行赎回操作
基金跌了	"××基金跌了 5%，该追加还是卖掉？直接回答追加或卖掉"	参考回复进行操作
想花钱	"我这个月已经花了 3500 元，还能吃人均 200 元的大餐吗？直接回答能还是不能"	参考回复做决定

注意事项：当前，AI 生成的内容可能存在编造的情况，请仔细甄别，查证后再采用。

4.1.3　旅行攻略

DeepSeek 能够根据用户需求，智能地生成个性化、结构清晰的旅行计划。它能够结合目的地、旅行天数、人群特征、预算范围、旅行偏好等要素，自动规划每日行程路线、景点推荐、住宿建议、交通方案及实用贴士，支持全球任意地点的行程定制。

1. 提示词模板

（1）目的地：国家、城市、景区名称（如日本东京、云南大理）。

（2）旅行天数：具体天数（如 3 天 2 夜、7 日环线）。

（3）人群特征：家庭、情侣、独自、学生、老年人（如带 5 岁孩子的家庭游）。

（4）预算范围：经济型、豪华型（如预算 1 万元）。

（5）旅行偏好：历史、美食、摄影、购物、户外探险（如自然景观）。

（6）特定需求：具体景点、避开人群、宠物友好（如含京都、冲绳）。

2. 案例解读

案例示范：假期将带家人一起出游，想制订一份出游计划。提示词如下所示：

请帮我生成一份从北京出发到江西的 5 天 4 晚旅行攻略，两个大人两个小孩，预算 10000 元，喜欢自然景观和历史文化，要求包含望仙谷、三清山、婺源篁岭、景德镇，还可推荐其他景点，含交通和住宿建议，以 Excel 表格形式呈现。

DeepSeek 输出内容如下：

日期	行程	交通方式与时间	住宿建议	景点/活动	费用明细（元）
Day1	北京南→上饶→望仙谷	高铁 G45(06:54-12:57) ＋包车1小时	望仙谷仙宿民宿（亲子房）	下午：探秘峡谷栈道、青云桥 晚上：悬崖夜景+篝火晚会	高铁：成人718×2+儿童359×2=2154 包车200 住宿600 晚餐200 门票100×2+50×2=300 合计：3454
Day2	望仙谷→三清山	包车2小时 (8:30-10:30)	三清山开元度假村	全天：南清园奇峰+西海岸云海 亲子活动：自然地质课堂	包车400 住宿500 餐饮300 门票120×2+60×2=360 缆车150×2+75×2=450 合计：2010
Day3	三清山→婺源篁岭	包车2.5小时 (9:00-11:30)	篁岭晒秋美宿（家庭房）	下午：晒秋观景+水口雨林 晚上：天街食府+流光森林	包车500 住宿600 餐饮350 门票140×2+70×2=420 缆车120×2+60×2=240 合计：2210
Day4	篁岭→景德镇	包车1.5小时 (10:00-11:30)	陶溪川凯悦嘉轩酒店	下午：古窑民俗博览区（童趣拉坯） 晚上：陶溪川夜市+灯光秀	包车300 住宿400 餐饮300 门票85×2+42.5×2=255 陶艺体验80 合计：1335
Day5	景德镇→北京南	高铁 G2566(15:30-23:01)	-	上午：御窑博物馆（网红拱窑拍照） 中午：回家吃饭餐厅（本地网红店）	高铁：成人715×2+儿童358×2=2146 午餐200 陶瓷纪念品200 合计：2546

- 总预算控制：3454+2010+2210+1335+2546=11555 元。

优化方案：通过以下方式节省 555 元。

……

3. 操作技巧

为了生成更全面细致的旅行攻略，建议在向 DeepSeek 提交请求时增加以下信息。

（1）指定风格，如深度文化体验、网红打卡、慢节奏度假。

（2）交通限制，如自驾、公共交通、包车。

（3）时间限定，如季节、月份、节假日。

（4）延展需求，如周边一日游备选方案、雨天应急预案、纪念品采购指南。

（5）行程优化：如果 DeepSeek 生成的攻略中部分内容不满足需求，则可让其重新生成。

4.2   工作篇

面对写周报、做方案、搞数据这些让人"头秃"的日常，DeepSeek 用"输入问题=获得方案"的极简设计，让解决工作难题像点外卖一样简单。向 DeepSeek 输入"生成部门周报"，3 分钟就能自动整合会议记录与项目进度；销售新人向 DeepSeek 输入"策划季度营销方案"，它能立刻输出带竞品对比、预算拆解的可执行框架；面对一团乱麻的数据表，向 DeepSeek 输入一句"分析上月销售问题"，它能直接生成带预警标记的可视化报告——不用学习专业术语，不需安装复杂插件，对话框就是你的全能工作台。

在跨部门协作中，DeepSeek 能将"产品上线对接"自动拆解成带责任矩阵的甘特图；遭遇客户投诉时，输入事件描述，DeepSeek 能即刻输出分级话术库与改进清单；向 DeepSeek 输入"审查采购协议"，它能直接在合同中标注高危条款并生成替代方案……

DeepSeek 的魔力在于将专业职场能力"预制化"：你不需要懂甘特图制作原理、SWOT 分析法或舆情应对模型，只需用大白话描述问题，就能获得带步骤说明、模板工具、避坑指南的完整解决方案包。从五分钟搞定周会纪要，到一小时产出年度规划，平均三次对话就能完成从"全是问题"到"方案落地"的闭环——这才是"打工人"真正需要的 AI"战友"。

4.2.1   生成工作周报

在工作周报场景中，通过输入结构化提示词，DeepSeek 能实现精准的内容生成。用户可通过模块化提示词（如核心进展、难点、协作事项、下周计划），嵌入 SMART 原则、数据锚点及行业术语映射等专业性要求，甚至可以提出支持多种语言、数据可视化表格等附加需求，快速生成逻辑清晰、量化明确的周报内容。

1. 提示词模板

> 请作为[你的职位，如项目经理]撰写一份[日期范围]工作周报，需包含以下模块：

（1）核心工作（按优先级排序 3～5 项）。

重点说明[项目名称]的阶段性成果，量化数据需用[ ]标注。

突出对[季度目标]的贡献度。

（2）难点突破（1～2 项关键问题+解决方案）。

问题描述：[要求简明扼要]。

解决策略：[需体现专业方法论]。

（3）协作（涉及跨部门或外部合作事项）。

注明协同方及你的具体角色。

（4）下周工作计划（SMART 原则呈现）。

目标分解为可执行任务。

标注预计完成度指标（如 30%、50%）。

（5）资源支持（可选）。

需要协调的人、物和权限。

2. 案例解读

案例示范：为了提高工作效率，生成一份项目周报。提示词如下所示：

请作为运营经理写一份 4 月第 2 周的周报，要求如下。

核心工作：重点说明东南亚市场 TikTok 直播项目的进展。

难点突破：分析直播间流量波动问题，展示采用的 A/B 测试方案。

协作：说明与物流部就大促备货的沟通结果。

下周工作计划：列出筹备"双 11"的三项关键任务，用百分比标注进度。

资源支持：申请增加 2 名马来西亚语客服人员。

DeepSeek 输出内容如下：

4 月第 2 周周报

汇报人：×××；汇报时间：2025 年 4 月××日

1. 核心工作：东南亚 TikTok 直播项目的进展

商品组

完成印度尼西亚（印尼）/马来西亚（马来）站点 12 款爆品的选品

工作,其中家居类商品的单场直播数据[观看人数 5.2 万]、[转化率 3.8%],环比增长 20%。

优化商品组合策略,通过捆绑促销拉动客单价,马来直播间客单价从"12"提升至"16"。

内容组

新增 3 名本土主播,马来站点日均直播时长增至 6 小时,峰值时段[观看人数 8.1 万](较上周+35%)。

测试"情景剧+产品植入"的形式,菲律宾直播间用户平均停留时长从 45 秒提升至 72 秒。

数据组

完成用户画像迭代,发现 18~25 岁用户占比达 65%,针对性调整晚间时段选品(如美妆、零食类)。

通过实时流量监控,优化引流策略,印尼直播间的转化率从 2.5%提升至 3.1%。

2. 难点突破:直播间流量波动分析

问题定位:马来站流量在 19:00—21:00 骤降 30%,经排查为平台算法调整导致推荐权重下降。

……

3. 小贴士

周报的提示词框架可以根据自己公司的要求优化调整,以满足个性化需求。还可以提供以下附加要求,让周报更专业。

(1)数据锚点:用[ ]标注需填充的关键指标,如[UV 突破 10 万],后期替换真实数据。

(2)风险预警:设置自动标注非常规数据(如转化率波动＞15%时标红+关联因素)。

(3)领导视角:添加"管理层焦点"段落,说明工作对公司战略的支撑作用。

4.2.2　设计营销方案

不会做营销方案？DeepSeek 可以根据你的需求和场景生成主题创意、产品策略、促销玩法、场景体验、传播矩阵，以及数据监测的具体方案，基于用户画像推导创新点，突破行业惯性思维。

1. 提示词模板

> 明确角色、任务和要求，维度包括：
>
> （1）主题创意。
>
> 结合"主题场景"设计主题名称。
>
> 提出差异化卖点。
>
> （2）产品策略。
>
> 设计 N 档价格梯度产品。
>
> 建议至少有 2 款打破传统认知的品类。
>
> （3）促销玩法。
>
> 裂变机制：双人拼团享折扣，推荐 N 人送礼品。
>
> 时间限定：预售享折扣。
>
> 惊喜机制：第 N 位订单免单。
>
> （4）场景体验。
>
> 门店氛围：建议 N 个网红打卡点设计。
>
> 配送创新：差异化的配送方式。
>
> （5）传播矩阵。
>
> 短视频脚本：3 个爆款选题。
>
> KOC 合作：本地生活达人探店任务清单。
>
> 社群运营：倒计时每日互动话题库。
>
> （6）数据监测。
>
> 列出关键指标看板。
>
> 提供顾客满意度调研方式。

2. 案例解读

案例示范：你作为一家高端花店的策划人员，想借着七夕节策划一个线上与线下结合的营销方案。提示词如下所示：

> 我是一家高端花店的营销策划，需要为七夕节策划一个线上与线下结合的营销方案。请基于以下维度提供详细策略：
>
> （1）主题创意。
>
> 请结合七夕传说和现代爱情元素，设计 3 个具有传播力的主题名称（如星河鹊语·挚爱永恒）。
>
> 需突出差异化卖点：永生花礼盒、巨型玫瑰装置、鲜花+香薰组合等。
>
> （2）产品策略。
>
> 设计 3 档价格梯度产品（199 元/520 元/1314 元）。
>
> 高端款产品需包含黑科技、AR 情书等科技元素。
>
> 建议至少有 2 款打破传统认知的品类（如暗黑系花束、宠物鲜花项圈）。
>
> （3）促销玩法。
>
> 裂变机制：双人拼团享折扣，推荐 3 人送单支玫瑰。
>
> 时间限定：8 月 1 日—3 日预售享 8 折，8 月 14 日当天涨价 20%。
>
> 惊喜机制：第 7 位、第 77 位、第 777 位订单免单。
>
> （4）场景体验。
>
> 门店氛围：建议设计 5 个网红打卡点（如巨型同心锁墙、玫瑰电话亭）。
>
> 配送创新：无人机送花、外卖"骑士"身着牛郎织女服装。
>
> （5）传播矩阵。
>
> 短视频脚本：3 个爆款选题（花艺师幕后故事、男友选花"翻车"现场）。
>
> KOC 合作：本地生活达人探店任务清单。
>
> 社群运营：七夕倒计时每日互动话题库。
>
> （6）数据监测。
>
> 列出关键指标看板（预售转化率、客单价分布、爆款 TOP 3）。
>
> 提供 3 种顾客满意度调研方式。

DeepSeek 输出内容如下：

【案例名称】"星汉情缘"七夕营销方案

执行周期：8 月 1 日—14 日，预算 3 万元，团队共 5 人（含花艺师 2 人）

1. 主题创意

核心主题

主推主题："星河鹊桥·玫瑰引力场"（巨型玫瑰装置+AR 星空投影互动）

副线主题："永生花语·时间银行"（主打永生花定制刻字服务）

　　　　　　"暗夜骑士·直男急救站"（极简暗黑系花束）

差异化卖点

门店设置 3 米高发光玫瑰装置，扫码可触发 AR 鹊桥动画。

推出"时间胶囊"服务：购永生花礼盒可录制 1 分钟语音存至云端。

2. 产品策略

价格带	产品名称	核心卖点	目标客群
199元	心动信号	11支红玫瑰+心跳监测贺卡	学生/初入职情侣
520元	赛博情书	暗黑永生花+AR扫描显示三维情书	科技从业者
1314元	星河执政官	99支保水玫瑰（72小时不凋）+无人机配送	高端商务人士

创新品类：

……

3. 小贴士

在向 DeepSeek 输入提示词时，可以添加以下要求，让方案更可靠。

（1）添加技术参数，增强方案落地性，如花束保水时长需达 72 小时以上。

（2）限定资源条件，如预算 3 万元内，由 5 人团队执行。

（3）进行对比分析，如对比去年七夕的销售数据，重点提升复购率。

4.2.3 数据分析

DeepSeek 能帮助数据分析新手快速完成数据探索、清洗、统计及可视化等任务，通过输入自然语言（如检查缺失值或画销售趋势图），它能生成清晰的分析步骤、实用代码（如 Python）及结论，大幅降低数据分析的门槛，尤其适合零基础用户快速上手。

1. 提示词模板

1）初次接触数据，需要快速了解数据内容（数据探索）

应用场景：适合刚拿到数据，不知道从哪里开始进行分析的情况。提示词如下所示：

> 我有一份数据，请帮我分析：
>
> 1. 数据列有哪些，分别是什么类型（如数字、文本、日期等）。
>
> 2. 有没有缺失值（如空数据）。
>
> 3. 请用表格展示前 5 行数据。

2）检查数据问题（数据清洗）

应用场景：适合发现数据有缺失、格式不对、有错误值的情况。提示词如下所示：

> 我的数据可能有问题，请帮我检查：
>
> 1. 哪些列有缺失值？缺失的比例是多少？
>
> 2. 有没有异常值（如年龄在 100 岁以上、销售额为负数）。
>
> 3. 日期、数字、文本格式是否统一。如果不统一，该如何修正。

3）计算平均值、总数、排名等（数据统计）

应用场景：简单的数据计算任务。提示词如下所示：

> 请帮我计算：
>
> 1.[某列，如销售额] 的平均值、最大值、最小值。

> 2. 按 [某列，如城市] 分组，计算 [某数值列，如销量] 的总和。
>
> 3. 哪 [几类/几个] 数据出现次数最多？（如哪个产品卖得最好）。

4）画图分析（数据可视化）

应用场景：趋势展示和数据比较、分析。提示词如下所示：

> 我想用图表分析数据，请推荐合适的图表并说明怎么看：
>
> 1. 想看 [某列，如每月销售额] 的变化趋势。
>
> 2. 比较 [某几类数据，如不同产品的销量]。
>
> 3. 分析 [某两列的关系，如广告投入和销售额]。

5）预测或分类（机器学习入门）

应用场景：预测未来趋势或分类数据。提示词如下所示：

> 我想用这份数据预测 [目标，如下个月销售额] 或分类 [目标，如用户是否会购买]，请告诉我：
>
> 1. 哪些列可以作为特征（影响因素）。
>
> 2. 适合用什么算法（如线性回归、随机森林）。
>
> 3. 需要先做哪些数据预处理（如填充缺失值、标准化数据）。

6）导出分析结果（生成报告或代码）

应用场景：得出最终结论或生成代码。提示词如下所示：

> 请总结分析结果，并完成如下任务：
>
> 1. 用 3 句话概括主要发现。
>
> 2. 给出改进建议（如哪些数据需要清理、哪个因素影响最大）。
>
> 3. 提供 Python 代码（如果需要进一步分析）。

2. 案例解读

案例示范：我有一份销售数据，为了改善销售策略，请生成一份数据分析报告。需要 DeepSeek 分析的数据如表 4-3 所示，提示词如下所示：

我有一份[销售数据]，请帮我完成以下分析：

1. 检查数据质量：
   - 列出所有字段的名称和类型（如数字、文本、日期）。
   - 统计缺失值比例最高的前 3 列，并给出处理方法。
2. 处理数据问题：
   - 对[日期]字段的格式进行标准化(如统一为"YYYY-MM-DD")。
   - 删除或填充[销售额]中的异常值（如负数或超过"1000000"的数值）。
3. 统计与可视化：
   - 按[月份]计算总销售额，并用折线图展示趋势。
   - 找出销售额最高的前 5 个[产品类型]，用柱状图对比。
4. 生成结论：
   - 用 3 句话总结数据规律（如旺季在几月、最畅销品类）。
   - 给出 1 条业务改进建议（如针对某品类加大库存）。

表 4-3

序号	日期	产品类型	金额	区域
1	2025/1/15	电子产品	1200	华东
2	2025/1/15	服装	350	华南
3	2025/2/3	家居	NaN	华北
4	2025/2/28	图书	-500	华东
5	2025/3/10	美妆	800	华南
6	2025/3/15	电子产品	2000000	华东
7	2025/4/22	服装		西南
8	2024/4/30	家居	650	华南
9	2024/5/5	图书	120	华北
10	2024/5/20	美妆	450	华东

DeepSeek 输出内容如下：

分析执行报告

1. 数据质量检查

字段名称与类型：

- 序号：数字（整型）

- 日期：文本（需转换为日期类型）

- 产品类型：文本

- 金额：数字（存在缺失和异常）

- 区域：文本

2. 数据问题处理

......

3. 小贴士

掌握常用的数据分析方法后，配合以下几个实用小技巧，能有效提升数据分析的精度和报告的效果。

1）自动识别异常值处理方法

基于上述 DeepSeek 输出的分析执行报告，可进一步获取对异常值的处理建议，具体操作方法如下。

- 筛选异常值（Excel 操作）：单击"销售额"列筛选按钮，选择"数字筛选"选项，设置条件小于 0 或大于 1000000。

- 向 DeepSeek 提问："我在销售额列找到 1 个负数和 1 个 2000000 的异常值，应该删除还是修正，给出建议"。

- 根据建议处理：删除负值行（退货订单需单独分析），将 2000000 改为中位数（若确认是输入错误）。

2）生成 Excel 专业图表的操作方法

先在 Excel 中整理数据（如 A 列为月份，B 列为销售额），保存文件，再将此文件上传至 DeepSeek 并提问，"我在 Excel 的 A1:B8 区域有月份和销售额数据，如何快速生成带数据标签的折线图？请分步骤说明"。DeepSeek 提供的方法如下所示：

> 1. 选中数据区域 → 单击"插入"按钮 → 选择"折线图"选项。
> 2. 鼠标右键单击图表 → 选择"添加数据标签"选项。
> 3. 双击图表标题，将其修改为"月度销售额趋势"。

3）定制图表配色

用2）中的方法创建图表，向 DeepSeek 提问，"我的折线图需要体现科技感，请推荐 1 种 RGB 配色方案，并说明如何在 Excel 中修改线条颜色"。DeepSeek 提供的方法如下所示：

> • 主色调：RGB(0, 150, 255)（科技蓝）。
> • 操作路径：单击鼠标右键，在下拉菜单中选择"折线"→"设置数据系列格式"→"线条颜色"选项→自定义 RGB 值。

4.3 创意篇

面对内容创作的共性瓶颈，DeepSeek 以"需求即方案"的智能中台定位，成为零基础用户的创意加速器。当大学生输入"国潮+Z 世代"主题时，DeepSeek 可立即输出含"非遗"元素的表情包设计图库；当乡村博主输入"农产品带货"需求时，DeepSeek 可自动生成带"方言梗"的短视频分镜脚本；当店主上传货架照片时，可 3 秒输出 20 版融合谐音梗的促销标语——无须深厚的语言功底，不论经验深浅，输入关键词即触发创作。

在跨媒介创作中，DeepSeek 既能将科普知识转化为漫画分格剧本，也能把古典诗词解构为说唱歌词矩阵；在商业场景里，DeepSeek 可生成节日营销的 AR 互动方案，或输出品牌联名的"文化符号嫁接"指南。

DeepSeek 的革命性在于消弭创意产业的"经验壁垒"：用户无须深究用户画

像、叙事节奏等专业术语，用大白话描述目标，就能获得带进度甘特图、可拆分执行的创意工程包——这才是 AI 对创意民主化的真实注解。

4.3.1　打造爆款短视频脚本

DeepSeek 可通过自动抓取热点题材，并对数据进行优化（如标题、节奏、锚点自动校准），为创作者提供模板化脚本，实现爆款内容的高效产出。

1. 提示词模板

（1）行业定位，如美妆护肤、数码科技、游戏动漫、母婴育儿、美食探店、知识教育等。

（2）内容主题，如好物推荐、冷知识科普、省钱攻略、情感故事、热点吐槽、技能教学、日常 Vlog 等。

（3）目标受众，如"人群，喜欢，常纠结_____"（描述观众特征，20 字以内）。

（4）核心信息（按重要性排序）：

① 必须让观众记住的内容是什么，如低价购买 AirPods 的秘诀。

② 能引发点赞的原因是什么，如点赞超过 500 次解锁隐藏技巧。

③ 促进分享的"钩子"是什么，如从评论区抽取 1 人赠送游戏。

（5）风格调性，例如搞笑整活、治愈温馨、热血励志、神秘悬疑、专业测评、沉浸体验、反转等。

（6）具体需求：

① 自动生成小标题（每 30 秒一个爆点）。

② 添加进度条锚点（在__秒插入提醒）。

③ 设计互动话术（3 条评论区模板）。

④ 添加片尾福利（关注领取____）。

（7）特殊要求：

① 禁用词汇，如专业术语、敏感词。

② 固定开头，如这期视频能帮你省下 3 杯奶茶的钱。

③ 必须出现：如品牌名、价格对比、产品特写。

2. 案例解读

案例示范：你是一名新手短视频博主，希望用 DeepSeek 生成爆款短视频脚本。提示词如下所示：

> 我是一名新手短视频博主，请根据以下内容，帮我生成一个 3 分钟视频脚本：
>
> （1）行业定位：游戏动漫。
>
> （2）内容主题：省钱攻略。
>
> （3）目标受众：预算有限的人群，喜欢 Switch 游戏。
>
> （4）核心信息：① 教会观众 50 元买正版卡带。② 点赞数超过 500 次，即可解锁购买渠道。③ 评论区抽取 1 人送《塞尔达传说》卡带。
>
> （5）风格调性：反转。
>
> （6）具体需求：自动生成小标题+片尾福利。
>
> （7）特殊要求：禁用复杂术语，开头必须说"学生专属宝藏内容"。

DeepSeek 输出内容如下：

> 【开场】（5 秒）
>
> 画面：博主手持 Switch，背景是游戏墙，表情惊讶。
>
> 台词："学生专属宝藏内容！50 元买 Switch 正版卡带？你没听错！今天这期视频，教你如何用一顿外卖的钱，得到实惠！结尾还送《塞尔达传说》卡带，看到就是赚到！"
>
> 【Part 1：打破认知——正版≠贵】（30 秒）
>
> 小标题："谁说正版必须吃土？"
>
> 画面：镜头切换，博主展示高价卡带（如《塞尔达传说》400 元） vs 50 元卡带对比图。
>
> 台词："很多人觉得 Switch 卡带动辄三四百，学生们根本玩不起？错！其实二手卡带市场藏着超多"白菜价"正版，只要会挑，50 元也能拿下热门游戏！"
>
> ……

3. 小贴士

短视频脚本的结构很重要，但决定是否为爆款的往往是细节！用好以下几个实战小技巧，能大大提升你的完播率。

1）热点话题选择，提示词如下所示：

> 列出最近 3 天在抖音 App 上播放量前 10 名的学生美食话题，按格式输出：[热点名称]：[可拍的内容方向]，获得回复（如用保温杯泡面的 5 种创意吃法）。

2）短视频播放数据诊断，提示词如下所示：

> 该视频播放量为 1.8 万次，点赞量为 950 次，评论数量为 120 条。请分析这组美食视频的数据，给出①最佳发布时间段。②3 个优化点。③下周爆款选题，用大白话输出，带标点符号。

3）常用的爆款短视频脚本的提示词如下所示：

热点话题："列出最近 3 天抖音 App 上播放量前 10 名的[领域]话题……"

标题选择："生成 10 个关于[主题]的标题，带[表情]和[关键词]……"

文案编写："写一段[时长]口播文案，包含[痛点][卖点][指令]……"

片尾设计："生成 5 秒片尾模板，包含[钩子][emoji][引导]……"

互动回复："生成 15 条针对[类型]视频的互动回复……"

数据分析："分析这组短视频数据，指出[优化方向]……"

4.3.2　写公众号推文

DeepSeek 通过结构化提示词（行业+主题+受众+风格等）快速生成公众号推文初稿，结合具体指令（如场景化表达、数据植入、互动设计）优化内容细节，支持通过多次迭代调整话术逻辑与转化路径，最终输出符合品牌调性且具有传播力的文案，同时规避违禁词风险。

1. 提示词模板

（1）行业定位，如母婴、科技、美妆、教育等。

（2）内容主题，如新品发布、节日促销、知识科普、品牌故事等。

（3）目标受众，如年轻宝妈、职场新人、创业者等。

（4）核心信息，如主推产品卖点、活动优惠力度、传播核心价值观。

（5）风格调性，如轻松幽默、专业权威、情感共鸣、悬念互动。

（6）具体需求，如是否需要小标题、转化按钮、文末福利等。

（7）特殊要求，如禁用词汇、固定开头结尾、植入关键词等。

2. 案例解读

案例示范：作为母婴领域的自媒体编辑，想要得到一篇专业且有温度的公众号推文。提示词模板如下所示：

我是一名公众号的自媒体编辑，需要一篇针对新手宝妈的辅食添加指南，重点讲解 6 月龄至 12 月龄宝宝辅食添加步骤。推文要求采用"误区解读+科学建议"的结构，配 3 个小标题，用数据支撑观点（如含铁量比大米粉高 40%），结尾设置评论区提问互动环节。

DeepSeek 输出内容如下：

【新手宝妈必藏 | 6 月龄至 12 月龄宝宝辅食添加全攻略！避开 90% 的家长踩过的坑】

误区一：第一口辅食吃米汤更有营养

真相数据：市售强化铁米粉的含铁量（6.5mg/100g）比大米汤（0.3mg/100g）高 21 倍多！中国营养学会建议：强化铁米粉是辅食首选。

科学操作

6 月龄第 1 周：1~2 勺高铁米粉（5g 粉+50ml 温水）。

第 2 周起：每 3 天加 1 种新食材（南瓜、红薯、西兰花泥）。

关键提示：用硅胶软勺喂食，拒绝奶瓶！培养咀嚼意识。

……

3. 小贴士

生成推文方案后，以下几个实用小技巧可以帮助你进一步提升推文的内容质量。

1）一键生成数据金句

参照如下提示词模板，将"[ ]"里面的内容替换为所需要的话题，如蛋黄过敏、米汤营养。

> 　　写一个关于[菠菜补铁效果差]的对比句，格式为"数据：菠菜的含铁量为×mg/100g，但吸收率为×%；牛肉的含铁×mg/100g，吸收率×%"，附文献来源。

将修改后的提示词输入 DeepSeek，执行后生成的推文如下所示：

> 　　数据：菠菜的含铁量为 2.9mg/100g，但吸收率仅为 1.3%；牛肉的含铁量为 3.3mg/100g 且吸收率达 22%。数据来源：《中国食物成分表标准版》（第 6 版）。

2）新手"避坑"提醒

在设计提示词时要具体，不要输入"写篇辅食文章"，要输入"写 6 月龄宝宝辅食添加步骤，分 3 点，提供数据支持"。另外，要验证数据，在所有数据后加"（数据来源：××）"，用 DeepSeek 查证，如"验证'猪肝含铁量为 22.6mg/100g'是否准确？提供最新文献依据"。

4.4　AI 编程

AI 编程已成为突破传统开发边界的重要工具。本节以 DeepSeek 等 AI 编程助手为核心，通过游戏开发、文件格式转换和系统开发三个典型场景，展现 AI 是如何赋能代码生成、逻辑优化与系统设计，以及在降低编程门槛的同时，提升开发效率，为教育、娱乐、办公等领域提供创新解法的。

在游戏开发方面，可以将自然语言描述的游戏规则输入 DeepSeek。它既能自动生成游戏代码，也能通过对话式交互添加"难度分级""历史记录存储"等进阶功能，使开发周期从传统的 3 天缩短至 10 分钟，将 AI 在快速原型开发中的优势体现得淋漓尽致。在文件格式转换方面，用户可以用自然语言文本描述小程序功能并输入 DeepSeek，DeepSeek 将自动生成功能代码。用户运行小程序，可通过可视化界面操作相关功能，从而显著提升文件格式转换效率，大幅降低人力成本。在系统开发方面，用户同样可以用自然语言文本描述系统的功能逻辑并输入 DeepSeek。DeepSeek 将自动生成可立即使用的系统，既节省了系统开发成本，又能满足相应的需求。

4.4.1　AI 编程：开发俄罗斯方块游戏

DeepSeek 具备强大的编程能力，即使你不懂编程，也可以通过输入提示词，让它 1 分钟生成一段可运行的代码。只要你有想法，DeepSeek 就是执行力超强的游戏工程师。想玩游戏却不懂编程？本节带你学习如何使用 DeepSeek 开发一款俄罗斯方块游戏。

1. 操作流程概览

（1）**生成代码**：在 DeepSeek 中输入提示词 → 生成代码。

（2）**运行代码**：单击"运行 HTML"按钮 → 一键生成游戏页面。

（3）**保存并运行游戏**：复制代码 → 存储为".html"格式 → 运行游戏。

2. 步骤解读

案例示范：零代码基础，一分钟开发一款俄罗斯方块游戏。

第 1 步：用 DeepSeek 生成代码。

打开 DeepSeek，选择深度思考模式，输入如下提示词。DeepSeek 将生成如图 4-1 所示的游戏代码。

请设计一款俄罗斯方块游戏，要求：界面美观，方块颜色有差异；实现消除记分功能；使用 HTML、CSS 和 JavaScript 编程语言。

```html
                            location.reload();
            }
        }

        if (isValidMove(currentPiece, 0, 1)) {
            currentPieceY++;
        } else {
            mergePiece();
            checkLines();
            currentPiece = null;
        }

        drawBoard();
    }

    document.addEventListener('keydown', event => {
        if (event.key === 'ArrowLeft' && isValidMove(currentPiece, -1, 0)) {
            currentPieceX--;
        }
        if (event.key === 'ArrowRight' && isValidMove(currentPiece, 1, 0)) {
            currentPieceX++;
        }
        if (event.key === 'ArrowDown' && isValidMove(currentPiece, 0, 1)) {
            currentPieceY++;
        }
        if (event.key === 'ArrowUp') {
            rotatePiece();
        }
    });

    setInterval(gameLoop, 1000);
    </script>
</body>
</html>
```

▶ 运行 HTML

图 4-1

第 2 步：运行代码。

单击"运行 HTML"按钮，一键生成游戏页面，如图 4-2 所示。

第 3 步：保存并运行游戏。

复制第 2 步生成的代码，粘贴到计算机自带的文本编辑器，将其存储为".html"格式的文件，双击该文件图标即可运行游戏。

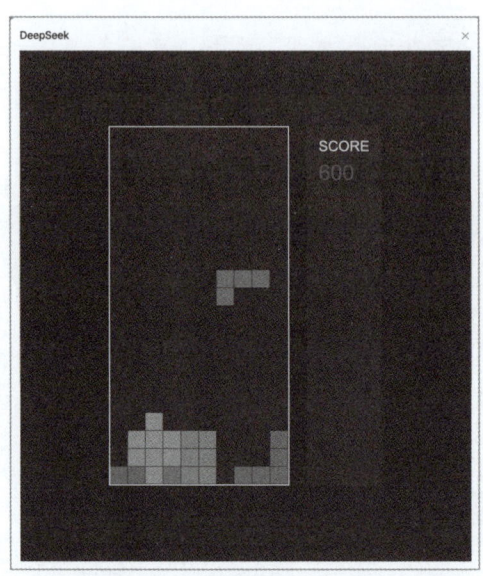

图 4-2

3. 小贴士

你还可以自己探索，用 DeepSeek 开发消消乐、贪吃蛇等好玩的游戏。

4.4.2　AI 编程：开发图片格式转换器

不会改图片格式？本节将带你使用 DeepSeek 开发图片格式转换器。

1. 操作流程概览

（1）**生成代码**：在 DeepSeek 中输入提示词 → 生成代码。

（2）**运行代码**：单击"运行 HTML"按钮 → 一键生成图片格式转换器界面 → 上传图片进行格式转换。

（3）**保存并运行文件**：复制代码 → 存储为".html"格式 → 运行文件。

2. 步骤解读

案例示范：用 DeepSeek 实现零代码快速生成支持多种格式的图片格式转换器。

第 1 步：用 DeepSeek 生成代码。

打开 DeepSeek，选择深度思考模式，输入如下提示词，运行后的效果如图 4-3 所示。

> 请设计一个图片格式转换器，要求实现至少 10 种以上的图片格式互转；界面美观；使用 HTML、CSS 和 JavaScript 编程语言。

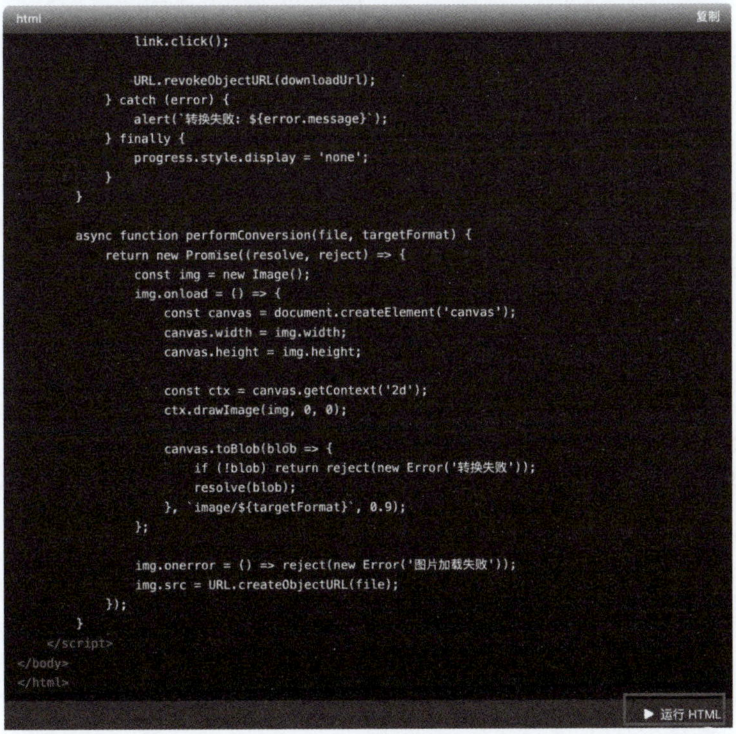

图 4-3

第 2 步：运行代码。

单击"运行 HTML"按钮，一键生成图片格式转换器界面，如图 4-4 所示。用户可以拖曳图片文件到编辑区域，或者单击"拖曳图片文件至此或点击选择文件"上传图片，选择需要转换的图片格式，单击"立即转换"按钮，就能实现预期的效果。

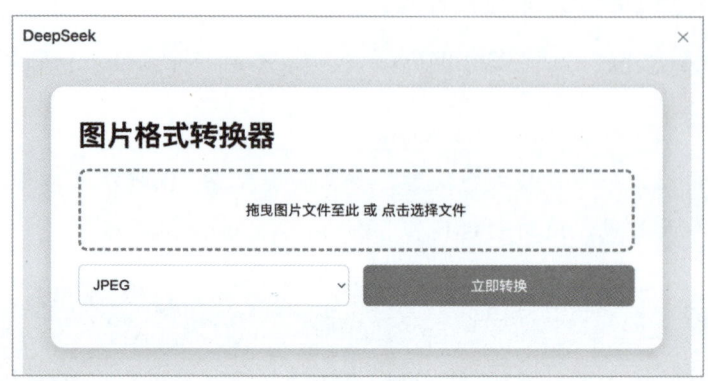

图 4-4

第 3 步：保存并运行文件。

复制第 2 步生成的代码，粘贴到计算机自带的文本编辑器，存储为".html"格式的文件，双击该文件图标即可运行生成的图片格式转换器程序。

3. 小贴士

除了本节演示的图片格式转换器，还可以开发如 PDF 转 Word、PDF 转 Excel、添加水印、表格转换工具（如 Excel 转 CSV、JSON 转 Excel、表格合并）等小程序。

4.4.3 AI 编程：开发积分系统

本节将带你学习如何使用 DeepSeek 提示词快速开发一套积分系统。

1. 操作流程概览

（1）**生成代码**：在 DeepSeek 中输入提示词 → 生成代码。

（2）**运行代码**：单击"运行 HTML"按钮→ 一键生成积分系统页面 → 在页面中操作。

（3）**保存并运行系统**：复制代码 → 存储为".html"格式 → 运行积分系统。

2. 步骤解读

案例示范：你是一名老师，想做一个积分系统，记录学生的课堂表现。

第 1 步：用 DeepSeek 生成代码。

打开 DeepSeek，选择深度思考模式，输入如下提示词，生成的代码如图 4-5 所示。

请帮我做一个课堂积分系统，要求：

（1）网页背景为淡蓝色，顶部显示"二年级 3 班积分系统"标题。

（2）标题下方为菜单栏，居中显示：从左到右依次排列 6 个按钮，①【全班加分】按钮，单击后弹出全班加分输入框（输入正数为加分，输入负数为减分），单击"确认"按钮后全员积分可增减。②【全班清零】按钮，单击后弹出确认框（提示"确定要将所有学生的积分清零吗？"），单击"确认"按钮后全员积分归零。③【排行榜】按钮，单击显示积分排名（从高到低），前三名显示金牌、银牌、铜牌徽章。④【导入积分】按钮，支持上传".txt"文件（格式："学生姓名，积分"），导入后渲染学生积分网格。⑤【导出积分】按钮，支持导出".txt"文件（格式："学生姓名，积分"）。⑥【添加学生】按钮，单击后弹出添加学生输入框，支持输入学生姓名，单击"确认"按钮后在最后面渲染学生卡片，积分默认为 0。

（3）在菜单栏下方显示学生操作网络，居中对齐，一行 5 个学生卡片，卡片上方为学生姓名，黑色加粗；卡片下方为学生积分，红色加粗；卡片左边是减分按钮，单击按钮后减一分；卡片右边是加分按钮，单击按钮后加一分。

（4）操作数据实时保存在浏览器缓存里。每次打开页面时，按照从 A 到 Z 的顺序显示学生姓名，支持更改。

```
html                                                                           复制
              const (name, score) = tine.sptit( , );
              return { name: name.trim(), score: parseInt(score) || 0 };
         }).filter(s => s.name);
         renderStudents();
      };
      reader.readAsText(file);
   }

   function exportData() {
      const content = students.map(s => `${s.name},${s.score}`).join('\n');
      const blob = new Blob([content], { type: 'text/plain' });
      const link = document.createElement('a');
      link.href = URL.createObjectURL(blob);
      link.download = '积分数据.txt';
      link.click();
   }

   function addStudent() {
      const name = prompt('请输入学生姓名：');
      if (name) {
         students.push({ name, score: 0 });
         renderStudents();
      }
   }

   function saveData() {
      localStorage.setItem('students', JSON.stringify(students));
   }

   // 初始化
   init();
</script>
</body>
</html>
                                                         ▶ 运行 HTML
```

图 4-5

第 2 步：运行代码。

单击"运行 HTML"按钮，一键生成积分系统页面，如图 4-6 所示。页面中的可操作功能有全班加分、全班清零、排行榜、导入积分、导出积分和添加学生。

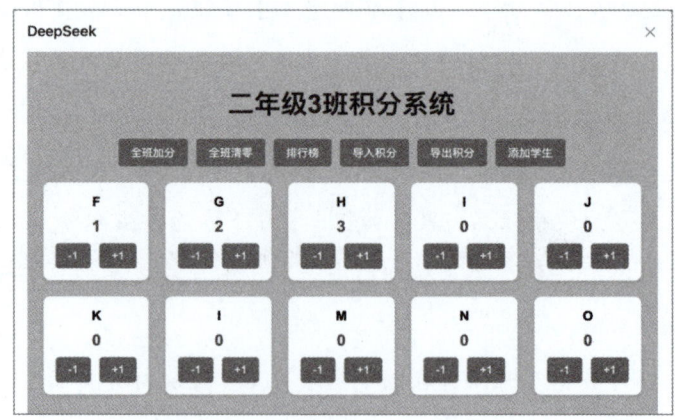

图 4-6

第 3 步：保存并运行系统。

复制第 2 步生成的代码，粘贴到计算机自带的文本编辑器，存储为 ".html" 格式的文件，双击该文件图标即可运行生成的积分系统。

3. 小贴士

对于积分系统，一定要强调数据存储功能，这样才能满足实际需求。另外，除了本节演示的课堂积分系统，还可以生成在线作业提交与批改系统、会议室预约系统等。

5

从 0 到 1 搭建 Manus
智能体助手

你是不是经常遇到信息太多、找不到重点，或者需要快速分析数据，但手动处理太麻烦的情况？别担心，Manus 就是来帮你解决这些问题的！Manus 是一个高效的智能工具，不管你是想提升学习效率、优化工作流程，还是单纯地想少花时间找资料，它都能帮上大忙！

5.1　小助理 Manus：搞定一站式出行方案

在旅行规划的过程中，如何快速获取贴合个人需求的方案，并一站式完成行程安排与预订，是许多用户面临的难题。DeepSeek 作为先进的 AI 模型，具有强大的语言理解和数据整合能力。通过与 DeepSeek 多次指令沟通，可以生成出行任务指令并直接应用于 Manus。而 Manus 凭借其出色的流程自动化和任务执行能力，将 DeepSeek 给出的指令落地。二者的深度融合，为用户打造出从规划到预订的全流程服务，极大地提升了旅行规划的效率和体验。

5.1.1　操作流程概览

下面给出大致的操作流程。

（1）**输入任务**：在对话框中输入出行任务描述。

（2）**任务分解**：Manus 将出行任务分解为子任务，如机票预订、酒店选择、行程安排等。

（3）**工具调用**：根据子任务的需求，Manus 调用相关应用完成任务。

（4）**结果交付**：生成包含详细行程、预算和注意事项的旅行手册。

5.1.2　操作步骤解读

案例示范：假设你准备和家人到江西去旅行，需要旅行攻略及交通和住宿指南。

操作步骤如下。

第 1 步：向 Manus 输入如下提示词，得到如图 5-1 所示的回复。

> 请帮我生成一份从北京出发到江西的 5 天 4 晚旅行攻略，5 月 1 日—5 月 5 日，两个大人和两个小孩，预算 10000 元。喜欢自然景观和历史文化，要求包含望仙谷、三清山、婺源篁岭、景德镇，其他的可推荐，以 Excel 表格的形式呈现行程安排。含交通和住宿建议，并对比中国国内各个平台的交通和酒店的具体价格，给出预订方式并帮我预订高铁票。

> 😺 **manus**
>
> 您好！我收到了您的请求，需要为您制作一份从北京到江西的5天4晚旅行攻略（5月1日–5月5日），包含望仙谷、三清山、婺源篁岭、景德镇等景点，并提供交通和住宿建议，以及各平台价格对比。我会立即为您准备这份详细的旅行计划，并以Excel表格的形式呈现。请稍等片刻，我马上开始收集相关信息。

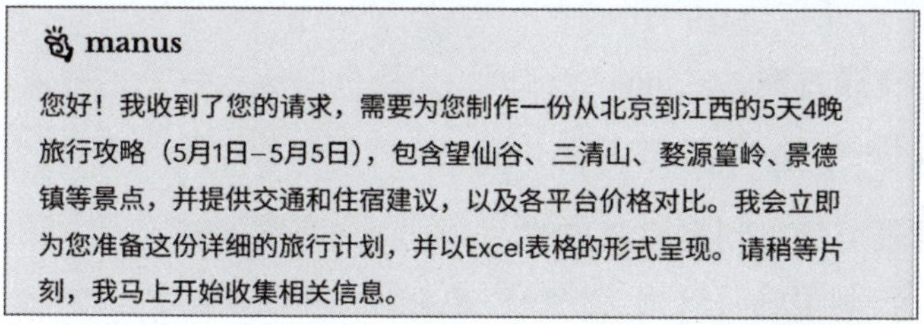

图 5-1

第 2 步和第 3 步：Manus 细化指令并调用工具执行任务。

Manus 接到指令后，会开启以下执行流程。在此期间，用户能通过 Manus 的界面查看执行的全过程。

在该场景中，Manus 的执行过程包括创建待办事项清单、制定交通方案、根据景点信息制定旅游攻略，以及根据用户提供的信息制定住宿方案和预算方案。详细过程如下。

（1）**创建待办事项清单。**Manus 根据用户输入的指令信息自动创建待办事项清单，如机票预订、酒店选择、行程安排等。执行界面如图 5-2 所示。

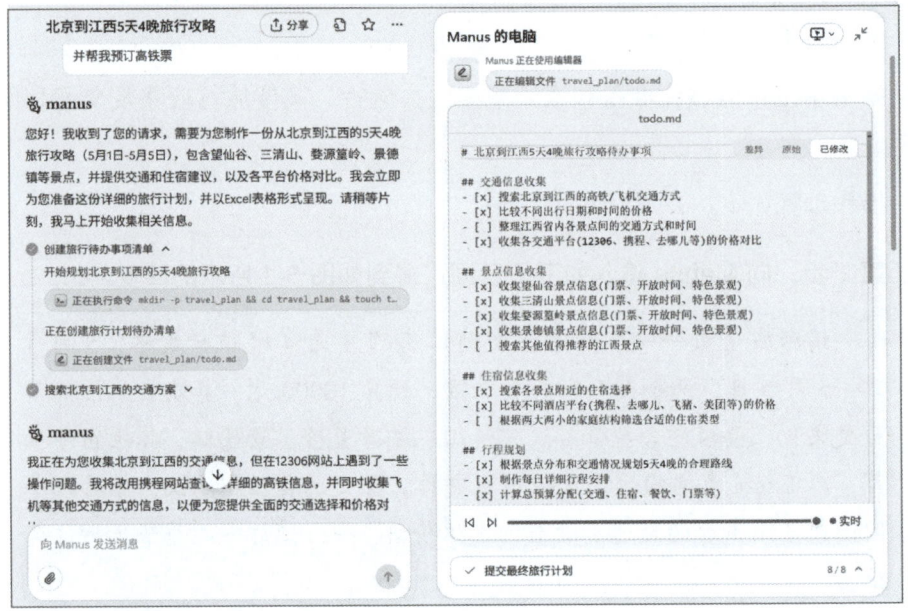

图 5-2

（2）**制定交通方案。**Manus 会根据用户提供的旅行信息，搜索北京到江西的交通方案，并链接对应的平台进行方案对比。执行界面如图 5-3 所示。

（3）**根据景点信息制定旅游攻略。**完成交通方案的对比后，开始收集江西景点的详细信息并制定旅游攻略。执行界面如图 5-4 所示。

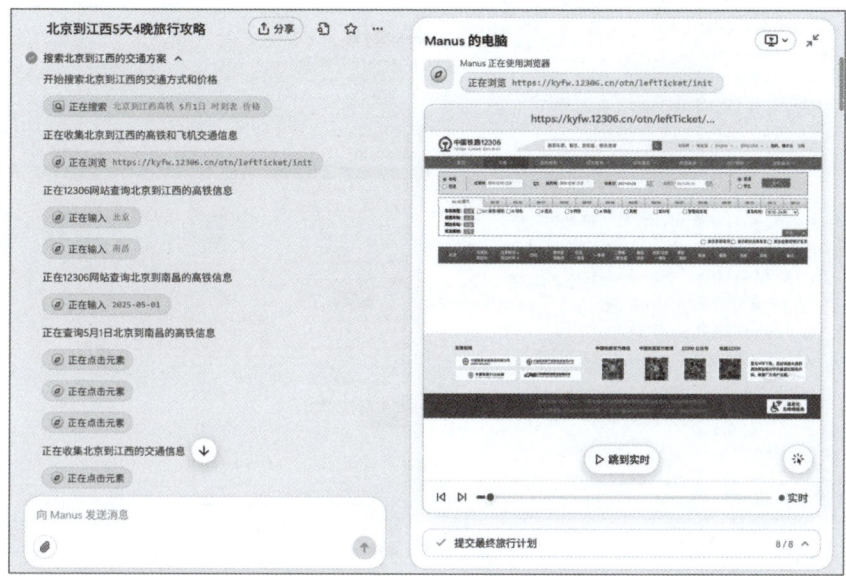

图 5-3

图 5-4

（4）**制定住宿方案。**Manus 会根据用户提供的位置信息，链接对应的平台查找住宿方案，并进行收集和对比。执行界面如图 5-5 所示。

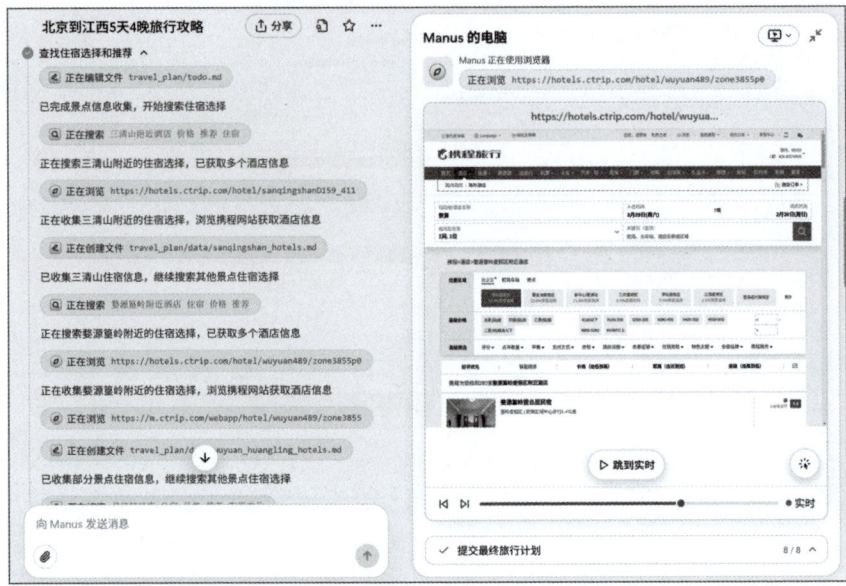

图 5-5

（5）**制定预算方案。**Manus 会根据用户提供的预算信息对比各平台的交通和住宿价格，为用户评估和选择相应的方案。执行界面如图 5-6 所示。

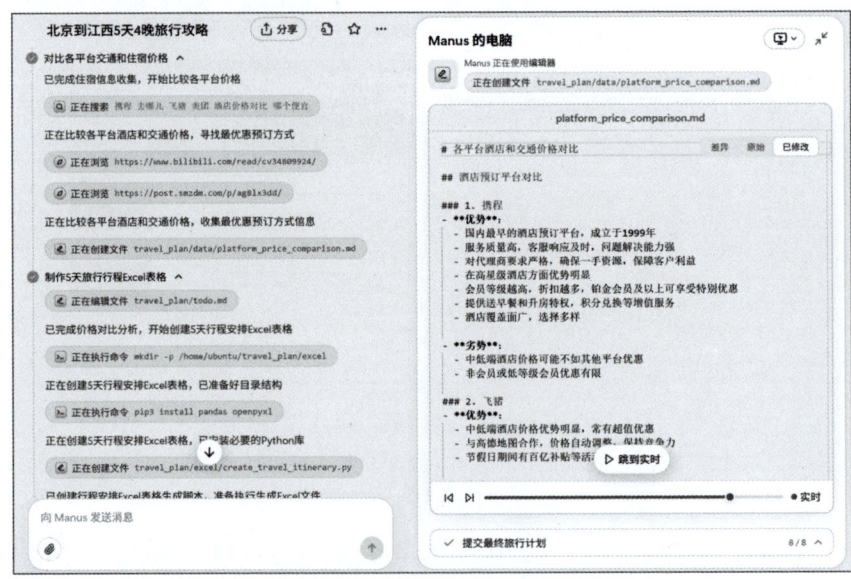

图 5-6

第 4 步：结果交付。

Manus 在完成了以上执行过程之后，梳理出一份北京到江西的 5 天 4 晚旅行攻略，以 Excel 表格的形式呈现。其中涵盖了 5 月 1 日—5 月 5 日望仙谷、三清山等指定景点的详细行程安排，包含日期、交通方式、住宿地点、预算、各平台的酒店和交通价格对比，以及高铁票预订指南。呈现结果如图 5-7 所示。

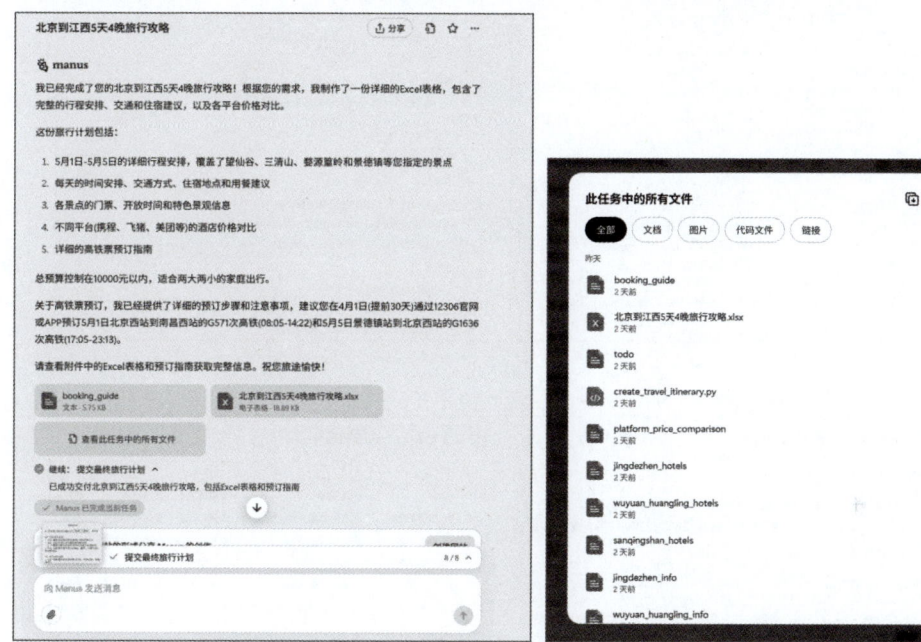

图 5-7

Manus 根据用户输入的指令信息最终生成详细的出行方案，其中包括高铁票预订指南、各平台的酒店和交通价格对比信息，以及完整的旅游攻略。北京到江西高铁票预订详细指南及各平台酒店和交通价格对比的方案效果如图 5-8 所示。

北京到江西 5 天 4 晚旅行攻略的效果如图 5-9 所示。

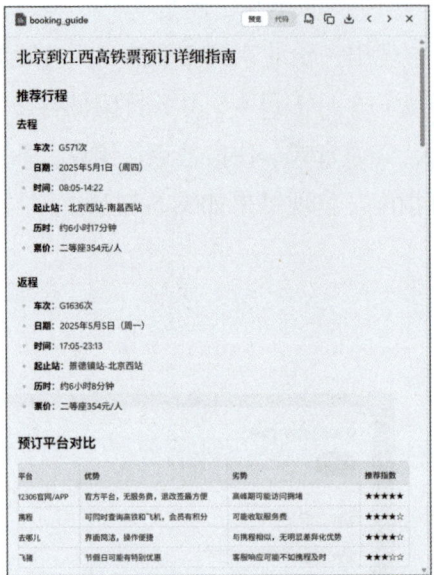

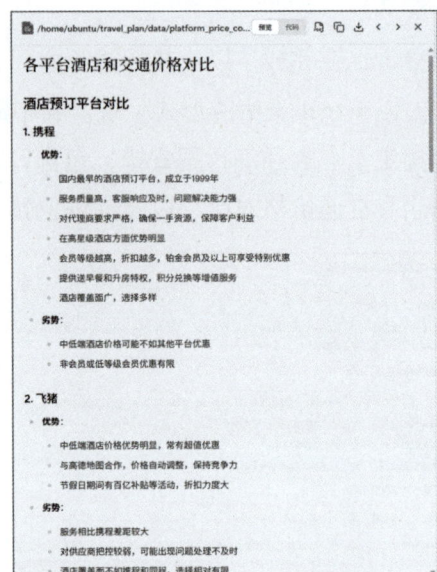

图 5-8

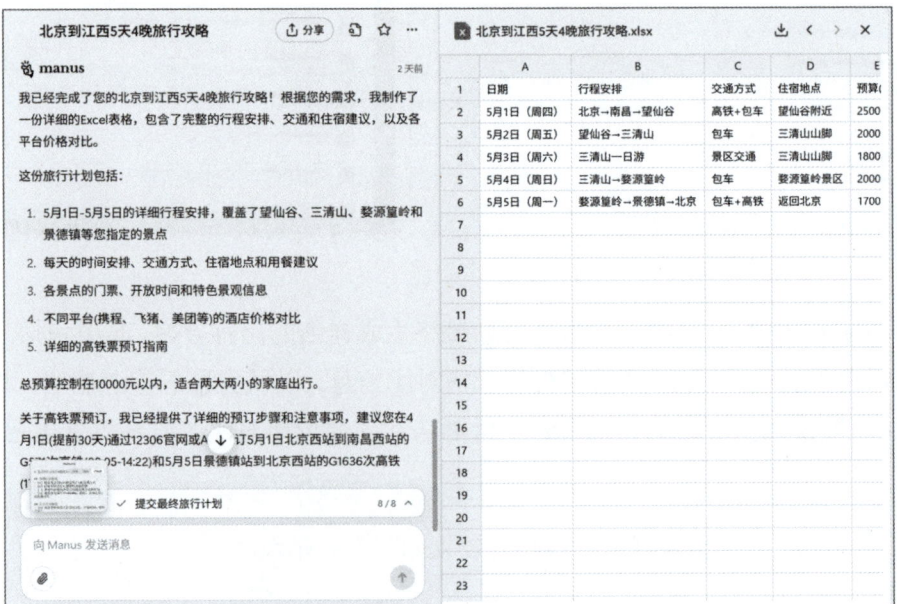

图 5-9

5.1.3　进阶技巧

1. 导出多样化报告

根据用户的实际使用场景，可调整提示词让 Manus 生成相应的文件格式，例如.html、.docx、.md 等格式，便于用户进行二次编辑和优化。

2. 交通方案选型

（1）**航班筛选**：向 Manus 输入"返程要 18 点后直飞"，Manus 可自动过滤红眼航班。

（2）**精准租车**：向 Manus 输入"租 7 座 SUV，后备箱装 4 个行李箱"，Manus 会通过比价多个平台为用户推荐最优解。

3. 酒店严选模式

（1）**基础指令**：向 Manus 输入"杭州酒店住宿费用不超过 350 元/晚"，Manus 可能会给出比较笼统的方案。

（2）**精准指令**：向 Manus 输入"近地铁+免费早餐+儿童乐园"，Manus 会根据指令自动过滤不符合的选项。

4. 需求精细化管理

根据用户的不同使用场景，可以对需求进行精细化描述，如表 5-1 所示。

表 5-1

使用场景	向 Manus 输入的提示词	Manus 做出的判断和执行结果
火车选座	两排靠窗连座	自动锁定家庭友好座位
航班偏好	选有餐食和娱乐屏的航班	优先推荐五星航空公司
美食规划	每天一家特色餐厅，人均消费低于 80 元	避开网红店，推荐老字号

5.2　分析师 Manus：解锁超适配保险理财方案

在生活中，人们面临着各种风险，合理配置保险是防范风险的有效手段。但保险种类繁多、条款复杂，个人很难独立完成全面、科学的保险规划。DeepSeek 作为先进的 AI 模型，具有强大的语言理解和数据整合能力。通过与 DeepSeek 多次指令沟通，可以生成保险需求指令并直接应用于 Manus。而 Manus 凭借其出色的流程自动化和任务执行能力，将 DeepSeek 给出的指令落地。二者的深度融合，为人们提供从需求分析到方案落地的一站式保险规划服务，极大地提升了保险配置的效率和精准度。

5.2.1　操作流程概览

下面给出大致的操作流程。

（1）**输入任务**：在对话框中输入保险需求描述。

（2）**向用户确认细节信息**：向用户提问，用户回答后，Manus 继续执行任务。

（3）**任务分解与工具调用**：Manus 将保险规划分解为子任务，如产品调研、产品分析、匹配保障、方案整合等。根据子任务的需求，Manus 调用相关应用完成任务。

（4）**结果交付**：生成包含个人保险配置的完整方案。

5.2.2　操作步骤解读

案例示范：假设你现在需要完善或者新增家庭的保险理财方案，来抵御未来可能发生的各种风险。

操作步骤如下。

第 1 步：向 Manus 输入以下提示词，得到如图 5-10 所示的回复。

请根据以下信息生成一份保险理财方案：28 岁，身体健康，职业是程序员。家庭中妻子全职带娃，女儿 2 岁，背负 150 万元的房贷。要求配置 200 万元的保额、保障 30 年的定期寿险以覆盖房贷；配置 80 万元的保额、保障至 70 岁的消费型重疾险。年预算 1.5 万元，倾向于高杠杆产品，重疾险需包含轻症多次赔付，且保险公司规模较大。生成 HTML 格式的图表分析报告。

> **manus**
>
> 您好！我已收到您的需求，需要为您生成一份保险理财方案。我将根据您提供的信息（28岁程序员，家庭情况，保险需求等）制作一份详细的保险理财方案，包括定期寿险和消费型重疾险的配置建议，并生成HTML格式的图表分析报告。请稍等片刻，我马上开始为您准备。

图 5-10

第 2 步：Manus 向用户确认细节信息。

针对一些需求，Manus 向用户进一步确认细节信息。如图 5-11 所示，Manus 向用户发起提问，等待用户回复；用户回复后，Manus 会根据用户回复的信息继续执行任务。

> **manus**
>
> 感谢您提供的信息，为了给您制定更精准的保险理财方案，我需要确认一些细节：
>
> 1. 您的月收入大概是多少元？这有助于我评估您的经济状况和保费负担能力。
> 2. 除了房贷外，您是否还有其他贷款或财务负担？
> 3. 您目前是否已经购买了其他保险产品？如果有，请简单描述一下。
> 4. 对于重疾险的轻症多次赔付，您是否有特定的期望次数？
> 5. 您对哪些保险公司比较信任或有偏好？
> 6. 您是否有特定的健康风险或家族病史需要考虑？
>
> 这些信息将帮助我为您定制更符合实际需求的保险理财方案。
>
> > 1.月收入3万元
> > 2.除房贷外没有其他贷款
> > 3.仅购买了职工社会保险：医疗保险，养老保险等。未购买过商业保险
> > 4.没有
> > 5.没有具体的公司，首选公司规模大，有保障的，风险低的
> > 6.没有
>
> **manus**
>
> 感谢您提供的详细信息！现在我对您的情况有了更清晰的了解。我将基于以下条件为您制定保险理财方案：
>
> - 28岁健康程序员，月收入3万元
> - 家庭情况：全职太太和2岁女儿，背负150万元房贷
> - 保险需求：200万元保额的定期寿险(保障30年)，80万元保额的消费型重疾险(保障至70岁)
> - 年预算：1.5万元
> - 偏好：高杠杆产品，重疾险需包含轻症多次赔付，大型保险公司
> - 目前只有社保，无商业保险
>
> 我现在开始研究适合您的保险产品，并将为您生成一份包含图表分析的HTML格式的报告。请稍候。

图 5-11

第 3 步：Manus 细化指令并调用工具执行任务。

Manus 收集用户信息后，开始生成待办事项清单并逐一执行。在该场景中，执行过程包括保险产品调研、保险产品分析、产品方案制定、方案报告生成，以及报告的审核与完善。其间，用户能通过 Manus 的界面查看具体的执行过程。

（1）**生成待办事项清单。** Manus 根据用户输入的指令信息，自动创建"保险理财方案制作任务清单"。执行界面如图 5-12 所示。

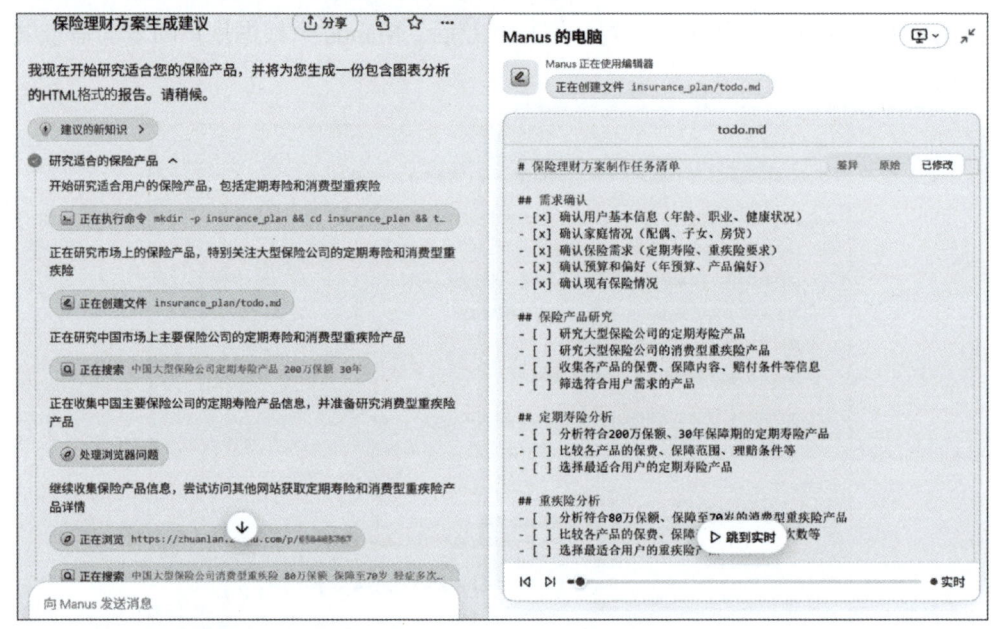

图 5-12

（2）**保险产品调研。** Manus 首先链接各保险公司的官方网站、保险产品库、行业报告等信息来源，研究市场上的保险产品，特别关注大型保险公司的定期寿险和消费型重疾险。执行界面如图 5-13 所示。

（3）**保险产品分析。** Manus 根据如上收集到的信息，分析定期寿险和消费型重疾险产品的选项，比较各产品的保费、保障范围、投保条件和轻症多次赔付条件。执行界面如图 5-14 所示。

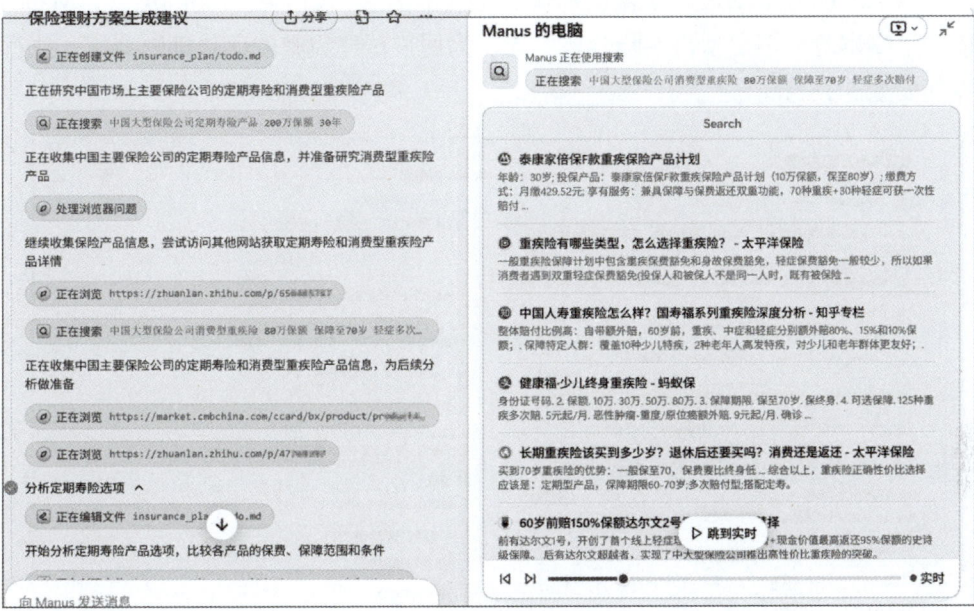

图 5-13

图 5-14

（4）**产品方案制定。** 结合用户输入的基本信息和如上收集到的信息，Manus 梳理定期寿险和消费型重疾险分析结果，为用户创建完整的保险理财方案。执行界面如图 5-15 所示。

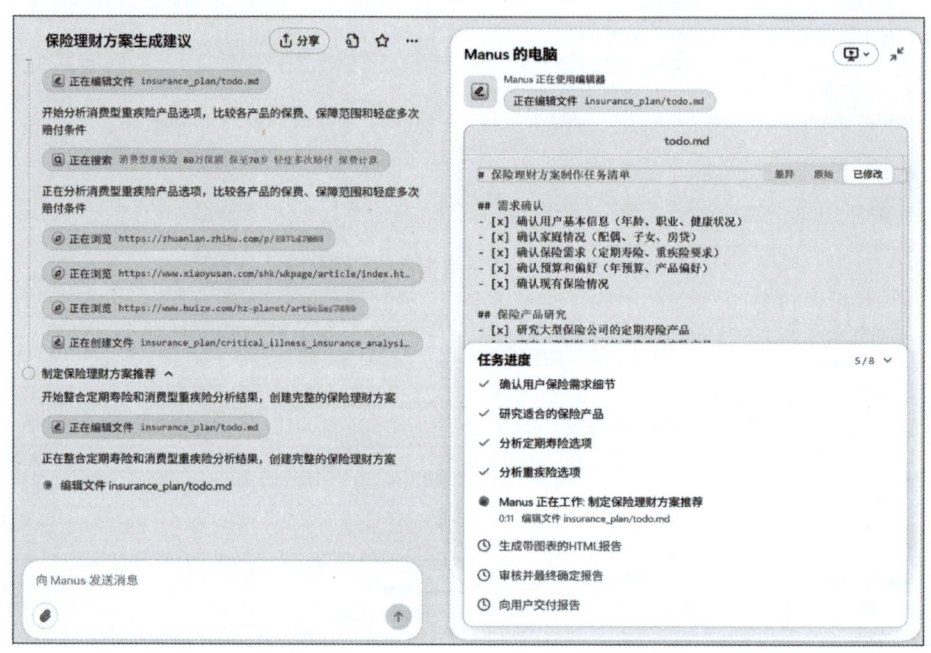

图 5-15

（5）**方案报告生成。** Manus 根据如上信息和分析结果，创建生成 HTML 格式的报告和图表的 Python 脚本，自动执行该脚本后生成初版的保险理财方案报告，报告中包含图表分析可视化内容。

（6）**报告的审核与完善。** 对于生成的 HTML 格式的报告，Manus 会对其进行进一步的审核与完善，确保报告内容准确、完整并符合用户需求。

第 4 步：结果交付。

基于如上信息和执行过程，Manus 为用户制定了一份详细的保险理财方案，其中包括定期寿险和消费型重疾险的配置建议，并按照用户对输出格式的要求，最终以 HTML 格式生成图表分析报告。呈现结果如图 5-16 所示。

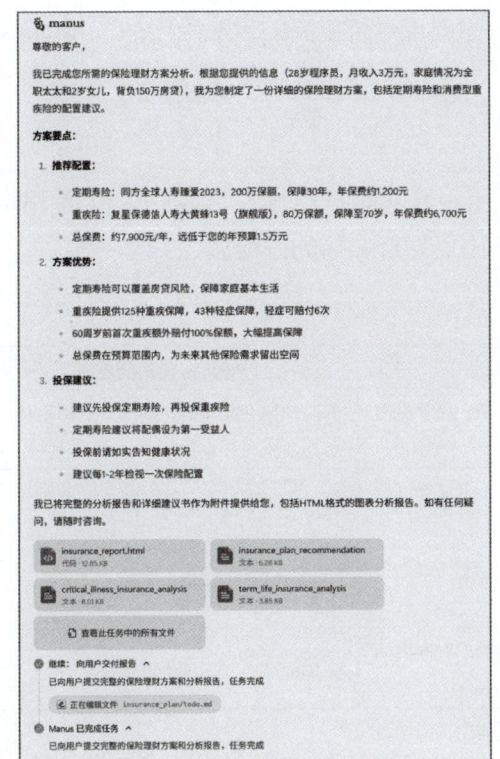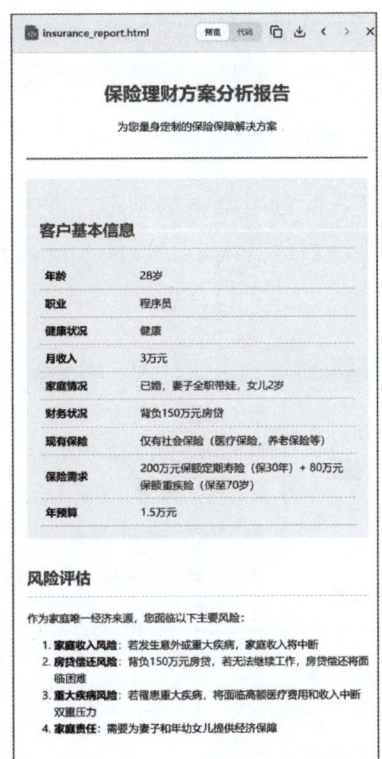

图 5-16

5.2.3　进阶技巧

1. 明确产品限制

（1）**保障疾病种类**：向 Manus 输入"希望产品涵盖阿尔茨海默病、严重脑损伤等重疾的额外赔付"，Manus 会帮助用户更全面地把控相应风险。

（2）**赔付次数及比例**：向 Manus 输入"希望重疾也能多次赔付，每次赔付保额不低于 80%"，Manus 会根据用户需求制定更全面的方案。

2. 需求定制化

（1）**公司选型**：向 Manus 输入"倾向于中国人寿、太平洋保险等公司"，Manus 会根据用户需求锁定大型保险公司的产品。

（2）**产品特性**：向 Manus 输入"想要现金价值高的重疾险产品"，Manus 会明确产品特定属性，以满足用户需求。

3. 增加背景信息

在保险理财方案的制定过程中，用户可以参照表 5-2，根据不同的使用场景准确表达自己的需求，以便 Manus 给出更切合实际的方案。

表 5-2

使用场景	用户需求	Manus 给出的反馈
负债情况	除了房贷，我还有 30 万元的车贷，贷款期限为 5 年，每月还款 6500 元	保险理赔金能覆盖这些债务，避免家人背负还款压力
家庭资产	家庭拥有 50 万元定期存款、20 万元基金。但大部分资产流动性较差	在应对突发风险时灵活性不足
收入稳定性	我的工作受行业波动影响较大，收入不太稳定，有时会出现大幅下滑	更好地保障家庭生活不受影响
日常健康问题	我长期伏案工作，患有颈椎间盘突出和腰椎间盘突出疾病，这可能影响投保	更加精准地匹配身体健康问题
子女教育规划	女儿 2 岁，计划在她 18 岁时送她出国留学，预计需要 200 万元教育金	既能提供风险保障，又能积累教育资金
养老规划	我希望在 60 岁退休后，每月能有 1 万元的养老金，维持舒适的生活	实现风险保障与养老储备的平衡

6

从 0 到 1 搭建 Coze
智能体助手

在日常工作中，你是否面临业务流程复杂难以实现自动化，期望运用大模型却受限于技术操作太复杂，或在数据分析和内容创作方面存在效率瓶颈等业务挑战？针对这些普遍存在的痛点，Coze 平台提供了专业的解决方案。无论是需要实现数据处理自动化，提升内容创作效率，还是构建定制化的工作流程，它都能为你提供专业可靠的技术支持。

6.1 Coze 工作流搭建

Coze 是一个具备可视化操作界面的强大平台，能让用户轻松组合大模型、代码块与插件，定制工作流程，提升各领域的工作效率。

Coze 工作流是 Coze 平台的核心与灵魂。用户通过可视化操作，可以搭建出高效的工作流。Coze 工作流极大地拓展了大模型应用的场景，提升了工作效率，助力用户聚焦核心业务。接下来，让我们深入了解 Coze 的工作流及其相关特性。

6.1.1 Coze 工作流的特点

Coze 工作流具有如下特点。

（1）**可视化操作**：用户可以通过简单的拖曳操作搭建工作流，无须编写复杂的代码，降低了其使用门槛。

（2）**高度可定制**：其提供了丰富的节点类型，用户可以按需定制专属的工作流程。

6.1.2 Coze 工作流的构成

1. Coze 工作流设计器

Coze 工作流设计器是一个可视化工具，可用于创建智能体、编排任务、设置条件、调整逻辑等，方便搭建满足业务需求的工作流。Coze 工作流设计器如图 6-1 所示。

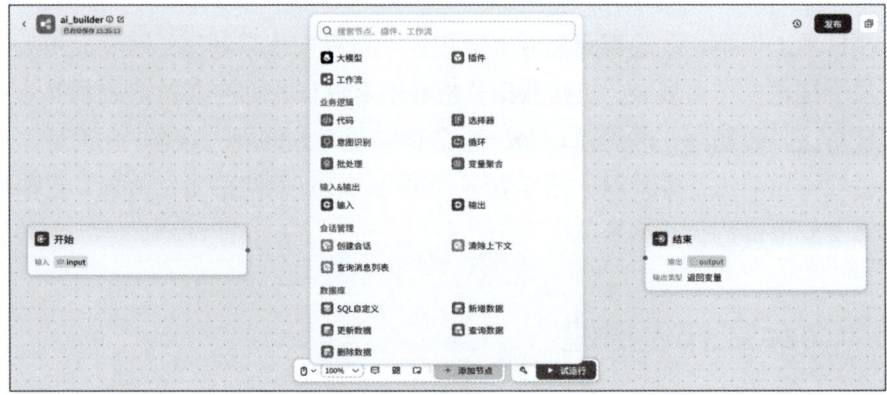

图 6-1

2. 节点

节点是 Coze 工作流的基本组成单元，每个节点代表一个具体的操作或任务，如调用大模型、执行插件、执行业务逻辑、输入数据、管理会话、操作数据库等。

3. 节点类型

节点类型有多种，用户可以根据业务场景选择适配的节点类型，添加到 Coze

工作流中。节点类型如表 6-1 所示。

表 6-1

节点类型	描　　述	适用场景
插件	为工作流提供特定功能扩展的模块,例如,获取股票行情数据的新浪财经插件、提取视频文案的插件等	当需要获取特定的外部数据或执行特定的功能(如数据提取、格式转换等),且该功能有现成的插件可用时,选择相应的插件节点
大模型	利用强大的语言模型能力,进行文本生成、分析、理解等操作,例如,对财报数据进行专业解读、爆改文案等	文本处理、智能分析、内容创作等场景
代码块	允许用户编写自定义代码,实现更具个性化、复杂的功能,对于有编程能力的用户,可以灵活地扩展工作流的功能	当现有的节点和插件无法满足特定业务逻辑的需求时,可以通过编写代码块来自定义实现
数据库	用于存储和管理工作流执行过程中产生的数据或需要的数据,例如,将二次创作的内容存储到飞书表格中	需要对数据进行持久化存储、查询、更新等操作,以支持后续业务流程或数据分析

6.1.3　Coze 工作流的搭建步骤

在了解了 Coze 工作流的基本特点和构成之后,本节介绍 Coze 工作流搭建的详细步骤。

1. 创建工作流

在智能体编排页面中,单击"工作流"右侧的"+"按钮,进入 Coze 工作流设计器,添加工作流。智能体编排页面如图 6-2 所示。

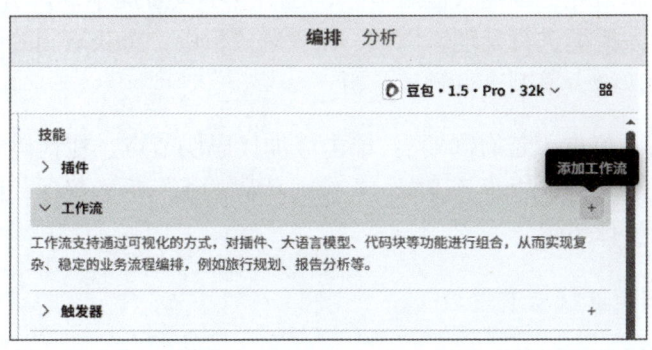

图 6-2

在弹出的对话框中，填写工作流的名称和描述，以便清晰地识别和管理工作流。"创建工作流"界面如图 6-3 所示。

图 6-3

2. 添加节点

根据使用场景的不同，可以选择不同类型的工作流节点（节点类型介绍可参考表 6-1），以满足用户的实际需求。对各节点的操作说明如下。

（1）插件节点：根据业务需要添加插件节点，例如要获取股票行情数据，可以添加新浪财经插件。在插件节点的配置界面中，设置相关参数，例如将新浪财经插件的 keyword 参数设置为引用开始节点的股票名称参数，确保准确获取对应的股票信息。

（2）大模型节点：创建大模型节点，在节点中设置提示词，引用相关参数，将数据传递给大模型进行处理。例如，在股票分析中，将获取到的股票财务数据和市场数据传递给大模型进行解读分析。

（3）代码块节点（若有需要）：单击添加代码块节点，在代码编辑区域编写自定义代码，实现特定的业务逻辑。在完成代码的编写后，确保代码正确无误且符合工作流的整体逻辑。

3. 设置节点连接与流程走向

通过拖曳操作，将各个节点按照业务流程的逻辑进行连接，确定数据的流向和操作的先后顺序。节点连接效果如图 6-4 所示。

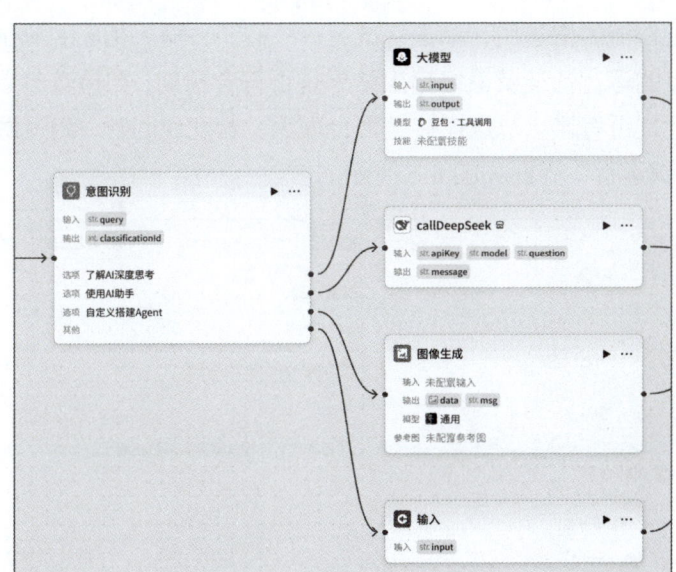

图 6-4

4. 设置结束节点

在工作流的结尾，设置结束节点，输出最终处理结果，以便将工作流运行后的结果信息呈现给用户。配置界面如图 6-5 所示。

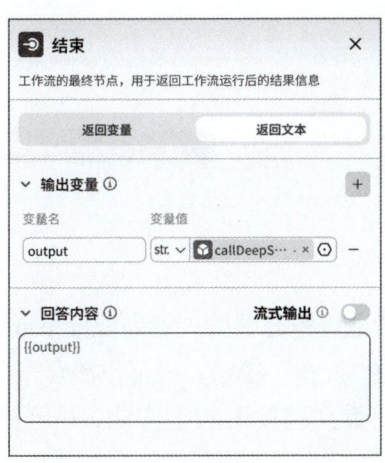

图 6-5

5. 测试工作流

在完成工作流的搭建后，单击"试运行"按钮，输入相应的测试数据，检查工作流各节点的运行情况及最终输出结果是否符合预期，如检查参数设置是否正确、节点配置是否有误、节点连接是否合理等。若发现问题，则返回相应的节点进行调整。"试运行"界面如图 6-6 所示。

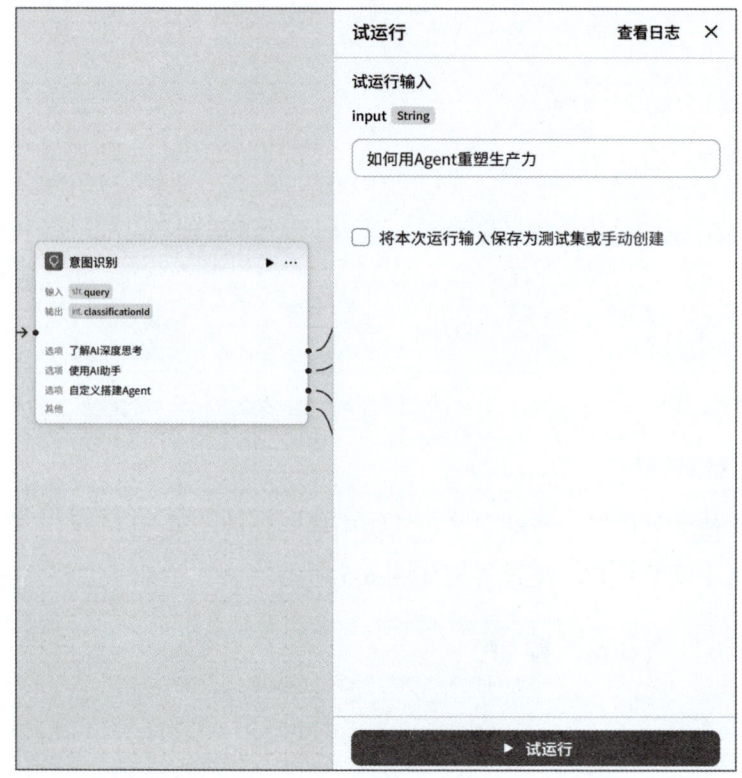

图 6-6

6. 发布工作流

工作流测试通过且满足业务需求后，若需要分享或在更广泛的场景中使用，则可以单击界面右上角的"发布"按钮，将工作流发布到 Coze 的工作流商店中。发布后，即可在个人空间看到已发布的工作流，并可根据需要进行后续管理和使用。

6.2　利用 Coze 搭建"儿童成语卡片"智能体

儿童的教育方式不断创新，使用智能体为儿童提供生动有趣的成语介绍，这样的学习体验已成为一种新的趋势。Coze 作为一个功能强大的应用，为搭建"儿童成语卡片"智能体提供了便利的方法和工具。通过这样的智能体，孩子们可以更轻松地了解成语的典故、释义等知识，提升语文素养和文化底蕴。

6.2.1　操作流程概览

操作流程大致如下。

（1）**创建智能体**：在 Coze 平台上创建一个智能体项目，设置智能体的基本信息。

（2）**创建工作流**：在 Coze 智能体项目中创建工作流，编排信息处理流程。

（3）**发布工作流**：在 Coze 工作流设计器中发布工作流，将该工作流添加至当前智能体中。

（4）**绑定卡片数据**：在智能体编排页面工作流选项中绑定卡片数据。

（5）**呈现结果与优化**：模拟用户询问不同的成语，根据测试结果，对智能体进行优化和调整，完善其功能和表现。

6.2.2　操作步骤解读

案例示范：假设要教孩子学习成语，目标是让孩子更易于理解和记忆成语。

本案例将系统拆解在 Coze 平台上搭建"儿童成语卡片"智能体的完整流程。该智能体旨在实现：当用户输入任意语句时，能够自动提炼其中包含的成语，并围绕该成语输出全面的信息，涵盖解释、拼音、近义词、反义词、典故，同时搭配卡通图片，以提升知识呈现的趣味性，突出记忆点。该智能体由大模型节点、插件节点、图像生成节点等核心组件构成，各节点分工协作，共同完成成语信息的提取、处理与可视化展示。

操作步骤如下。

第 1 步：创建智能体。

首先要创建一个智能体，使其能够围绕"儿童成语"这一主题展开对话。

（1）在 Coze 平台上创建智能体，创建界面如图 6-7 所示。

图 6-7

（2）推荐使用"AI 创建"方式，如图 6-8 所示，在功能描述框中输入"儿童成语卡片"，即可一键生成智能体的标题、描述、图标等内容。

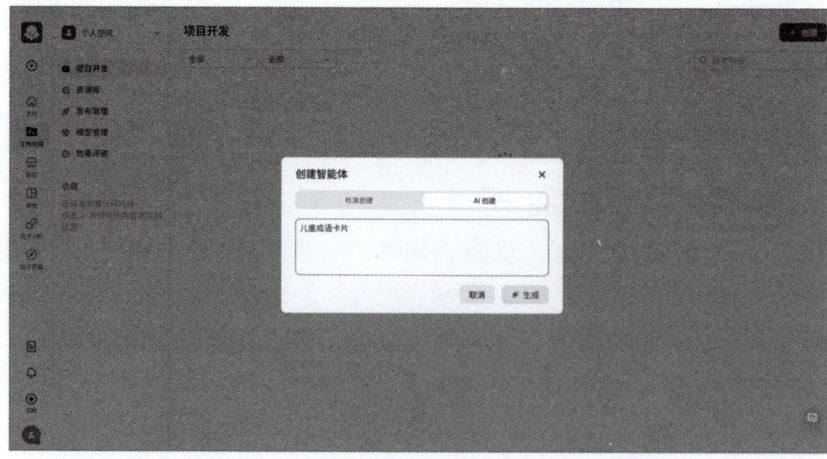

图 6-8

（3）创建完毕后，在智能体编排页面中，可以设定"人设与回复逻辑"，如图 6-9 所示，这里可以将用户的目的告诉 DeepSeek，DeepSeek 会根据提示词自动完善人物的设定，或者使用自带的优化功能进行优化。

图 6-9

第 2 步：创建工作流。

有了基本的对话逻辑后，第 2 步是检测用户输入的语句，如果其中包含成语，则生成成语卡片，并解释成语。这里可以使用工作流来实现这一功能。

（1）创建工作流，输入工作流的名称和描述，如图 6-10 所示。工作流描述的作用是让智能体理解在什么情况下启动此工作流。

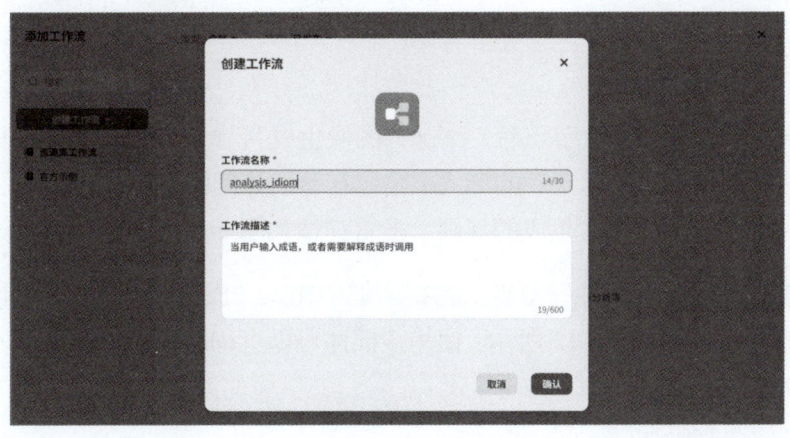

图 6-10

（2）在 Coze 工作流设计器中添加一个"大模型"节点，使用大语言模型提取句子中的成语，便于后续分析。将"大模型"节点的名称修改为"提取成语"，后续流程会用到这里提取的成语。配置详情如图 6-11 所示。

图 6-11

（3）在"提取成语"节点后，添加"图像生成"节点。该节点可以根据成语生成图片，图片最终会以卡片的形式被输出在智能体的回复中。在"提示词"配置中，可以设置引导图片生成的规则。配置详情如图 6-12 所示。

（4）继续添加"插件"节点。在搜索框中输入"成语"，在搜索结果中选择"成语 50000 条"，如图 6-13 所示。使用该插件可以查询成语描述等信息，相比大模型更加准确。

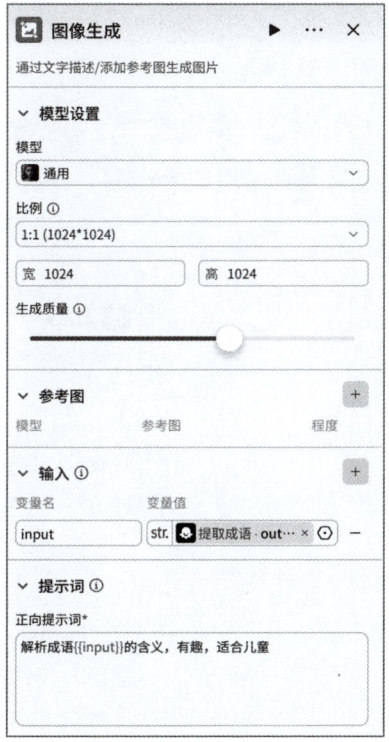

图 6-12

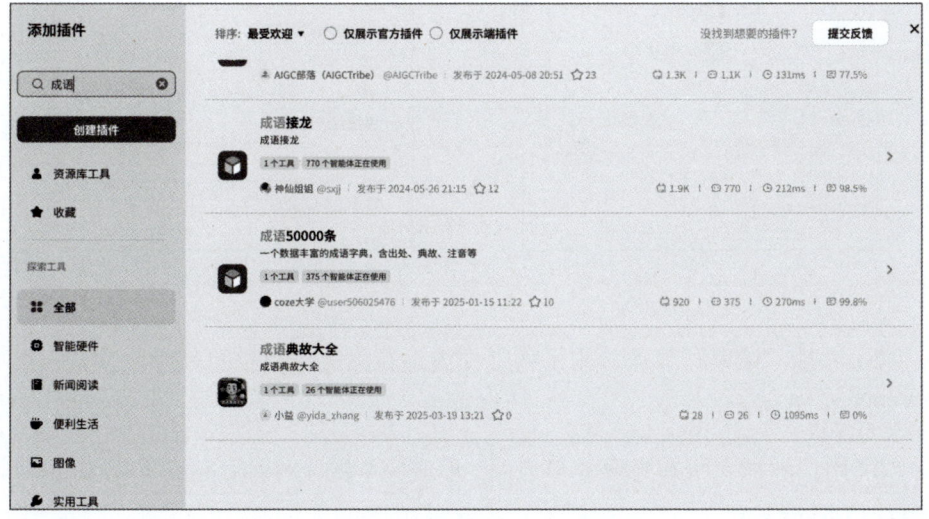

图 6-13

（5）添加"输出"节点，利用"图像生成"、"提取成语"和"成语描述"，输出成语卡片。配置详情如图 6-14 所示。

（6）继续添加"大模型"节点，命名为"成语解释"。其作用是进一步解释成语，包括拼音、近义词、反义词、典故等内容，并且对内容进行排版。配置详情如图 6-15 所示。

图 6-14   图 6-15

（7）添加"结束"节点，用于将工作流运行后的结果信息展示给用户。配置详情如图 6-16 所示。

（8）用户添加完所有必要的节点后，形成完整的工作流，完成工作流的搭建，如图 6-17 所示。

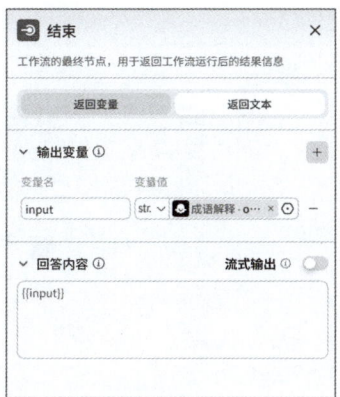

图 6-16

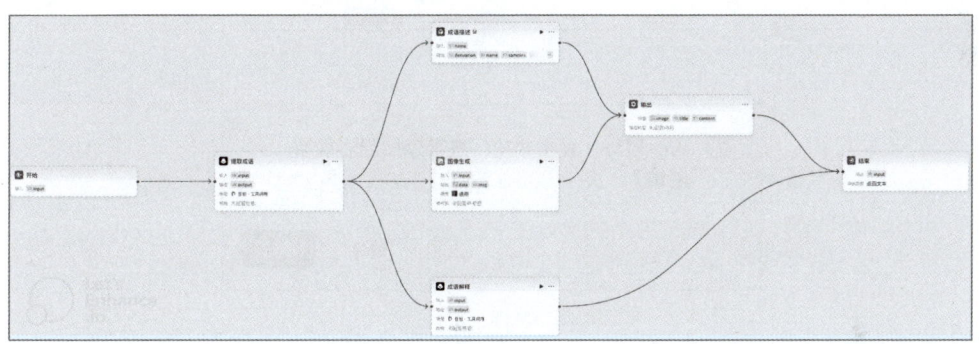

图 6-17

第3步：发布工作流。

（1）工作流在发布后才可以被智能体识别。工作流发布信息框如图 6-18 所示。

（2）工作流发布完成后，可以一键将工作流添加至当前智能体，如图 6-19 所示。

第4步：绑定卡片数据。

工作流发布完成后，为工作流绑定卡片数据，即可实现在与智能体的对话中输出成语图片和成语描述。

（1）为工作流绑定卡片数据。绑定界面如图 6-20 所示。

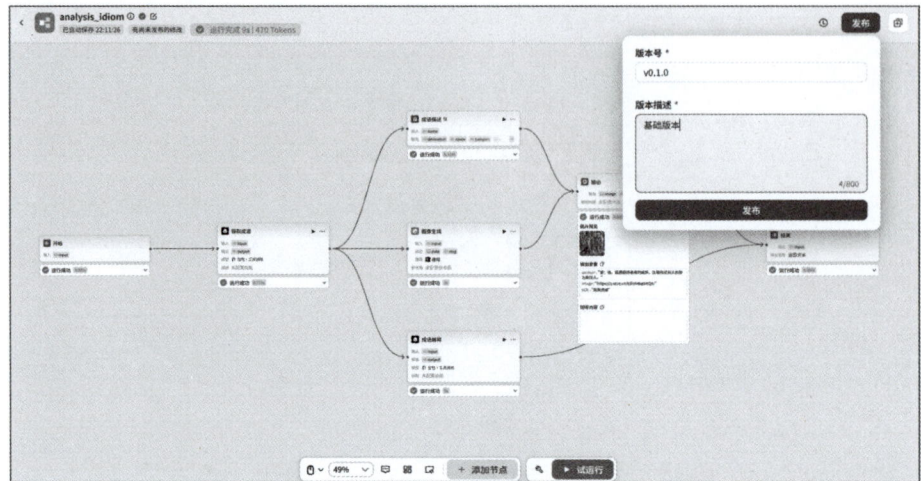

图 6-18

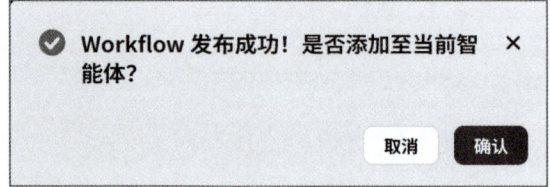

图 6-19

图 6-20

（2）选择卡片样式，配置卡片数据。卡片数据对应工作流中"输出"节点中的输出变量，配置内容如图 6-21 所示。

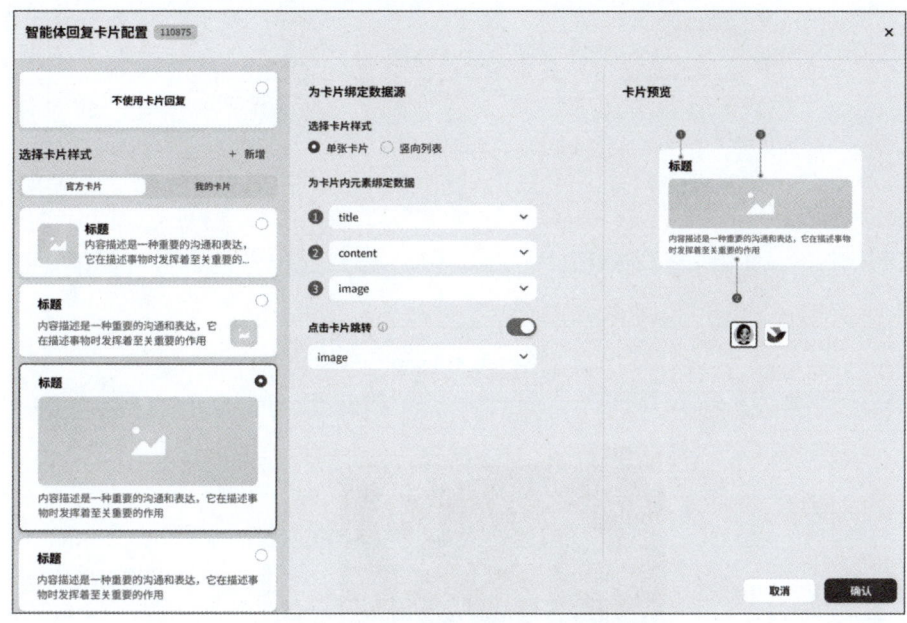

图 6-21

第 5 步：呈现结果与优化。

（1）发布智能体。发布智能体之后，在应用商店中就可以搜索到该智能体，如图 6-22 所示。

图 6-22

（2）运行智能体。输入感兴趣的成语，"儿童成语卡片"智能体将展示成语的解释、拼音、近义词、反义词、典故和卡通图片。用户与智能体的问答过程如图 6-23 所示，智能体回复界面如图 6-24 所示。

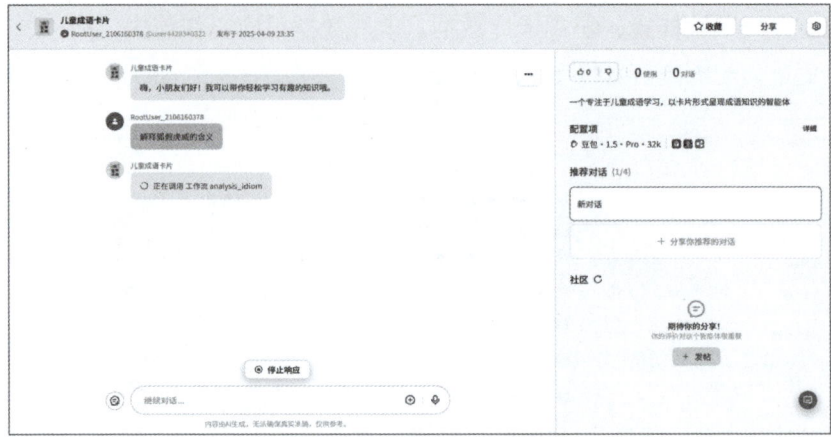

图 6-23

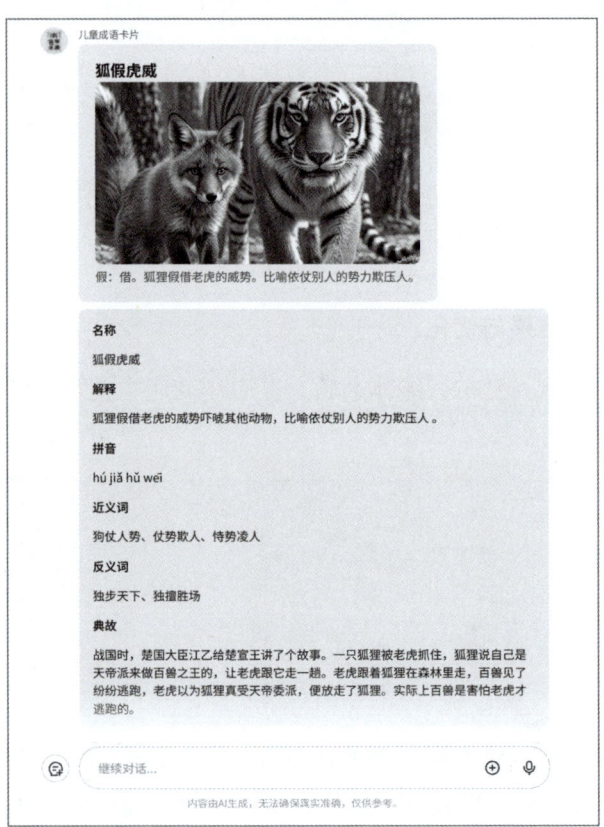

图 6-24

6.2.3　小贴士

（1）**增加多媒体元素**。除了文字内容，还可以在成语故事中添加相关的音频或视频，使智能体的回复更加生动有趣。例如，可以插入与成语相关的动画视频，帮助儿童更好地理解成语的含义。

（2）**设置互动环节**。可以在智能体的对话中设置一些互动环节，如成语填空、猜成语等小游戏，提高儿童的参与度和学习兴趣。例如，智能体可以提问——"请补全这个成语的后半部分：'叶公好（　）'。"

（3）**添加多语言支持**。如果目标用户群体包含具有不同语言背景的儿童，那么可以为智能体添加多语言支持，让儿童能够用自己熟悉的语言学习成语故事。

6.3　利用 Coze 搭建"每日 AI 快讯"智能体

对于用户来说，筛选与阅读新闻耗费了大量的时间。为了提高信息获取效率和信息质量，可以依托 Coze 平台搭建一款"每日 AI 快讯"智能体，通过自动化流程实现资讯抓取、摘要生成及每天定时推送。

6.3.1　操作流程概览

操作流程大致如下。

（1）**创建智能体**：选择"标准创建"方式创建智能体，填写基本信息，编写提示词，配置插件。

（2）**创建工作流**：输入工作流的基本信息，在智能体编排页面中添加节点（如新闻抓取插件、输出等），逐个配置、试运行和调试，完成工作流的搭建。

（3）**添加触发器**：配置定时触发器，按需设置推送频率与执行时间。

（4）**呈现结果与优化**：通过模拟对话测试智能体的性能，并根据反馈优化配置参数，确保使用效果。

6.3.2 操作步骤解读

案例示范：要提高信息获取的效率和信息质量，每天定时推送 AI 资讯简报。

本案例将系统拆解在 Coze 平台上搭建"每日 AI 快讯"智能体的完整流程。该智能体旨在实现：每日 9:00 自动推送最新新闻资讯。该智能体由插件节点等核心组件构成，并通过触发器设置实现定时推送新闻的功能。

操作步骤如下。

第 1 步：创建智能体。

首先要创建一个智能体，该智能体专注于呈现 AI 相关资讯，其语言风格更适合普通读者。

（1）输入智能体名称"每日 AI 快讯"，填写智能体功能介绍："专注于 AI 领域新闻的智能助手"。创建界面如图 6-25 所示。使用"标准创建"方式，为智能体提供更准确的信息。

图 6-25

（2）在智能体编排页面中，设置智能体的"人设与回复逻辑"，限制智能体的专业领域聚焦于 AI 资讯，语言通俗。配置内容如图 6-26 所示。

（3）在智能体的技能中添加插件，搜索"头条新闻"，添加插件中的"getToutiaoNews"工具，如图 6-27 所示。

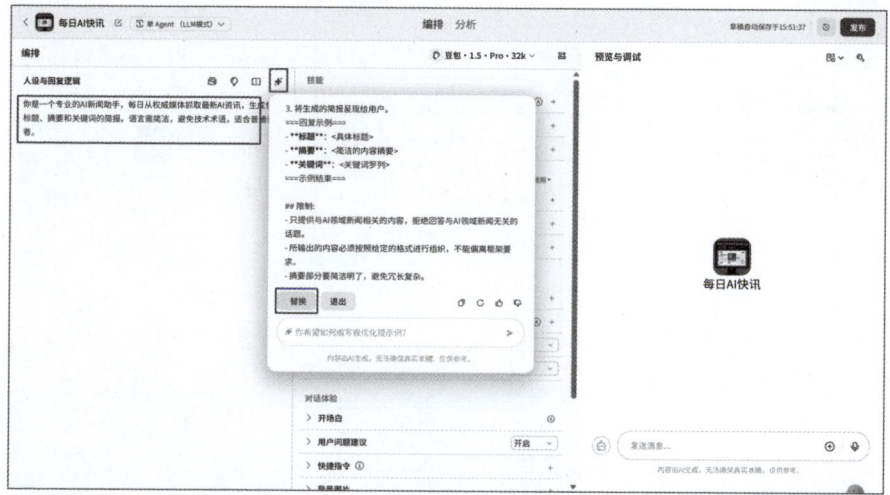

图 6-26

图 6-27

（4）编辑插件的参数，配置"输入"参数的关键词——"人工智能、AI 技术、大模型、自动驾驶、自然语言处理、计算机视觉"。关键词决定了订阅资讯的筛选机制。配置界面如图 6-28 所示。"输入参数"界面如图 6-29 所示。

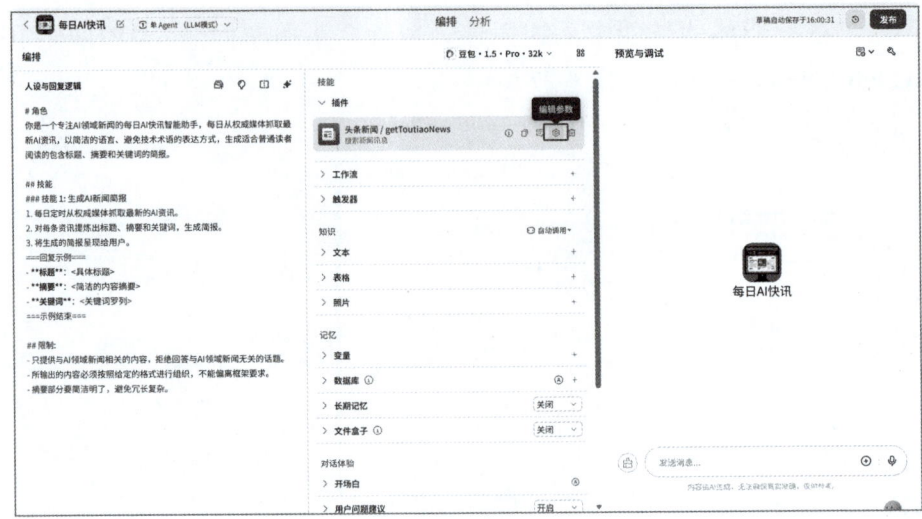

图 6-28

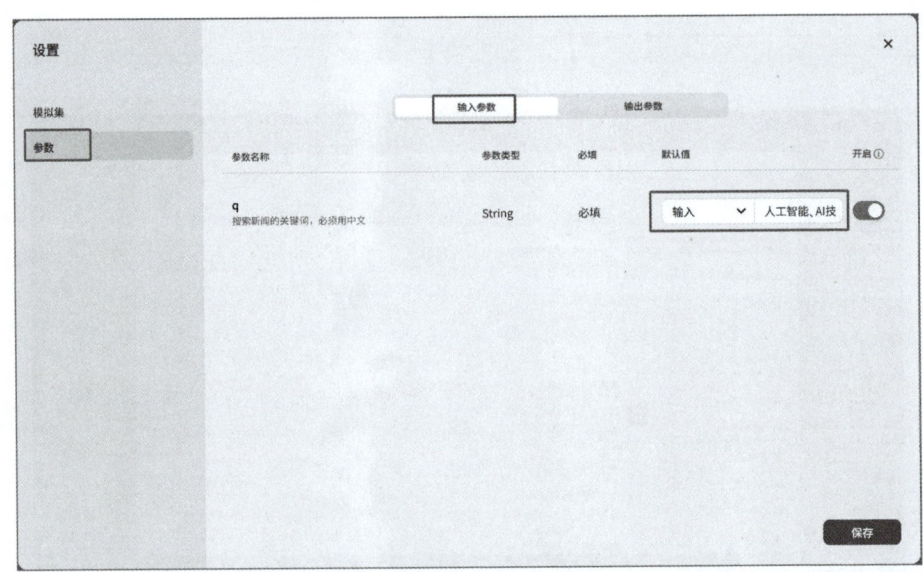

图 6-29

（5）在智能体的"对话体验"的"开场白"中输入文案。用户首次使用智能体时，发送给用户开场白文案，如图 6-30 所示。

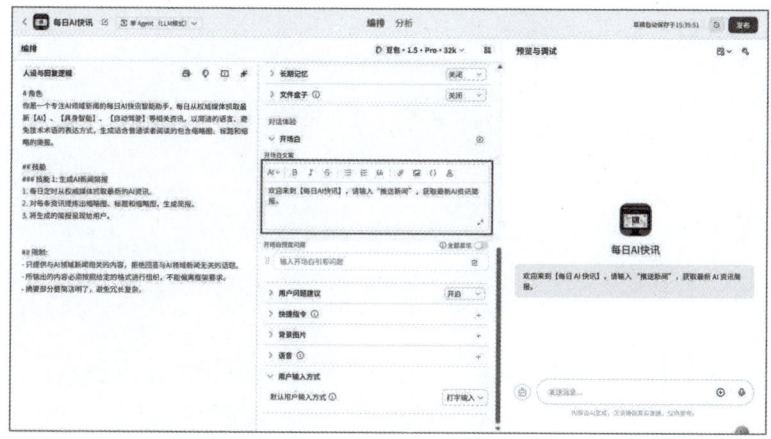

图 6-30

第 2 步：创建工作流。

在完成智能体的对话逻辑之后，下一步是通过工作流实现新闻的推送功能。

（1）创建工作流，输入工作流的名称和描述，如图 6-31 所示。

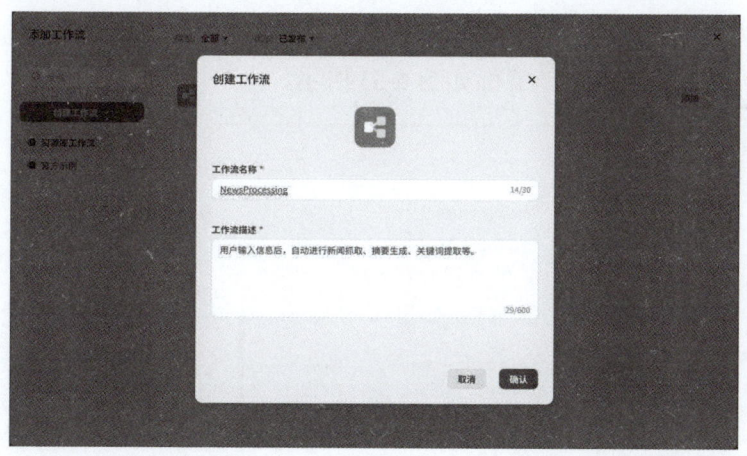

图 6-31

（2）创建"新闻抓取"插件节点，可以根据配置的输入参数获取指定类型的新闻。创建"输出"节点，将抓取的新闻数据输出到用户对话中。依次创建三组这样的节点，实现三类不同新闻的组合推送。完整的工作流节点配置如图 6-32 所示。

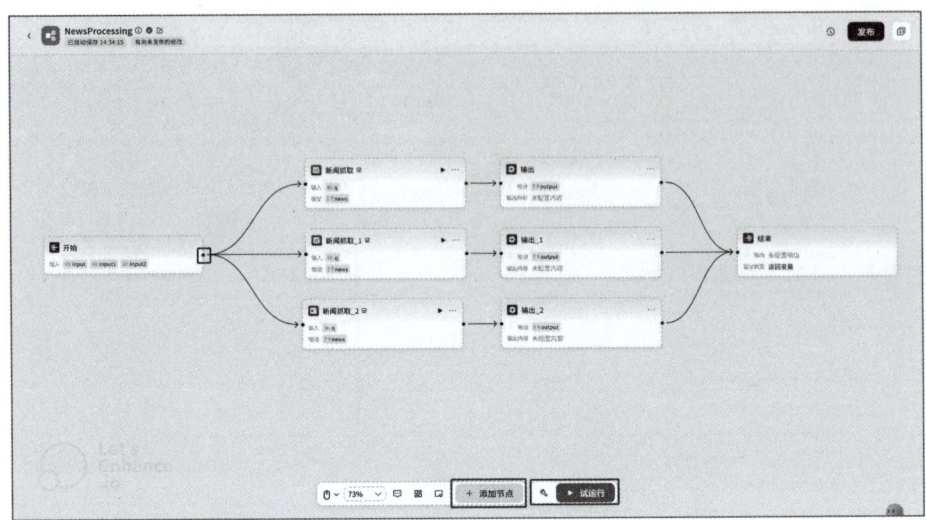

图 6-32

（3）测试工作流的完整性，将工作流发布到智能体中，赋予智能体推送新闻的能力。

（4）为工作流绑定卡片数据，可以将工作流中的新闻通过更直观的卡片形式输出，提升用户体验。配置界面如图 6-33 所示。

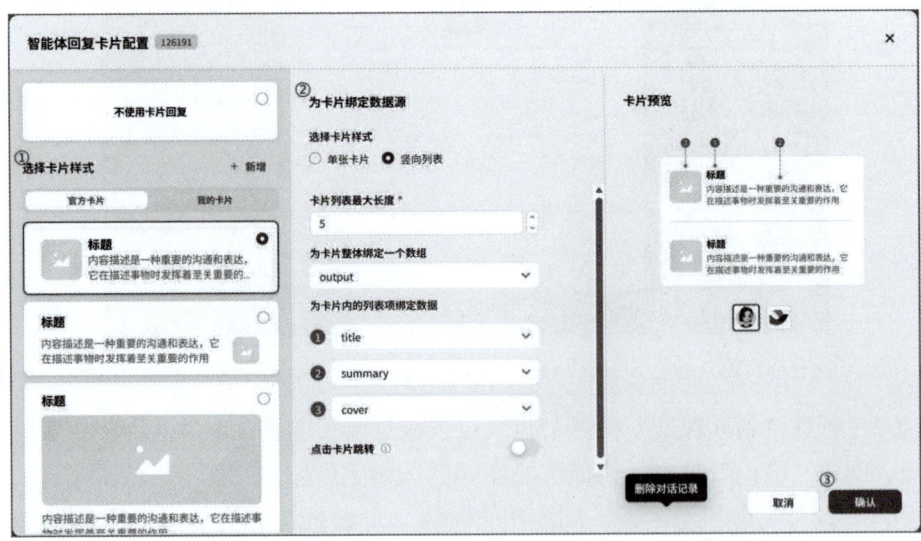

图 6-33

第 3 步：添加触发器。

在智能体编排页面中的技能区域，添加触发器，选择触发器类型为"定时触发"，实现每日 9:00 自动获取 AI 资讯，如图 6-34 所示。

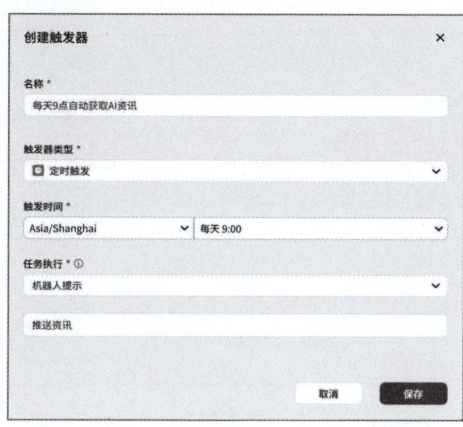

图 6-34

第 4 步：呈现结果与优化。

（1）在智能体编排页面中进行预览与调试，输入提示词"推送新闻"，即可立即实现新闻的推送，如图 6-35 所示。

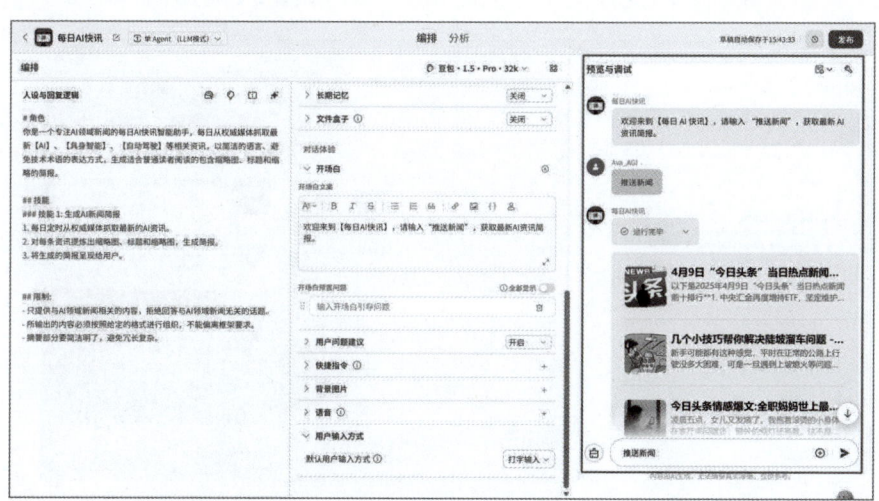

图 6-35

（2）发布智能体之后，可以在"项目商店"页面中搜索到"每日 AI 快讯"智能体，输入提示词"推送新闻"，即可获取最新 AI 资讯，如图 6-36 所示。

图 6-36

6.3.3　小贴士

（1）**多模态输入**。默认通过打字输入的方式与智能体进行交互，同时支持语音输入、语音通话等方式。可以根据智能体的类型进行选择，例如情感类智能体可以选择语音通话，以提升使用体验，如图 6-37 和图 6-38 所示。

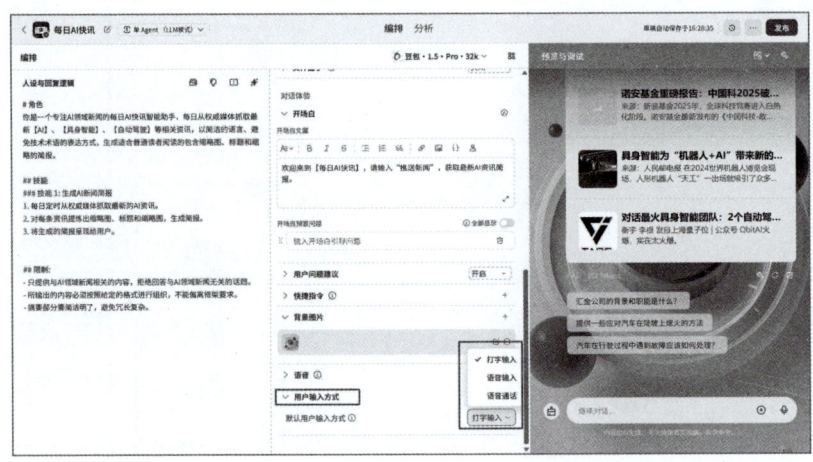

图 6-37

图 6-38

（2）**提示词调试**。Coze 平台接入豆包、DeepSeek 等主流大模型，可以使用对比调试功能，如图 6-39 所示，对比不同模型的输出，筛选最优方案，优化提示词效果。

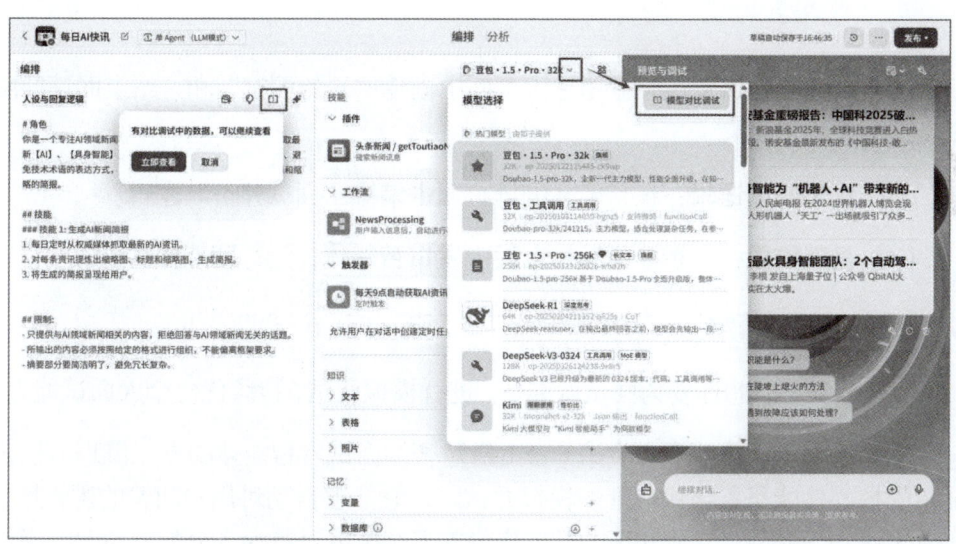

图 6-39

（3）**增量调试**。Coze 平台提供了实时验证机制，用户每完成一个增量步骤都可试运行，快速定位问题。这种"边搭建、边验证、边优化"的模式，能够有效缩短开发周期，提高开发质量。

6.4 利用 Coze 搭建 "智能面试官" 智能体

在当前就业市场竞争日益激烈的背景下，求职者在筹备面试的过程中，常常陷入缺乏模拟训练资源、难以获得有针对性的反馈的处境。为了有效破解这一难题，我们计划借助 Coze 平台搭建 "智能面试官" 智能体，助力求职者提升面试能力。该智能体能够模拟真实的面试场景，依据不同岗位的具体需求，定制并生成面试问题，同时借助自动化流程对求职者的面试表现进行实时评估，最终输出结构化的反馈结果。

6.4.1 操作流程概览

操作流程大致如下。

（1）**创建智能体**：在 Coze 平台上创建一个智能体项目，设置智能体的基本信息。

（2）**创建工作流**：在智能体编排页面中创建 "开始面试" 和 "结束面试" 两个工作流。

（3）**优化回复逻辑**：在智能体编排页面中编排 "面试评价" 逻辑。

（4）**呈现结果**：在智能体编排页面中发布智能体，运行智能体。

6.4.2 操作步骤解读

案例示范：假想你要为面试做准备，进行模拟面试，持续优化个人面试能力。

本案例将全面拆解在 Coze 平台上搭建智能面试官智能体的操作流程。该智能体的核心功能是：当用户开展模拟面试时，它能够自动对用户回答的逻辑性、语言表达的顺畅性、专业知识的掌握程度等多个维度进行深入分析，并围绕岗位的具体需求，输出具有针对性的评估结果，同时给出相应的评价分数。智能体的工作流主要由 "大模型" 节点、"选择器" 节点、"变量赋值" 节点、"代码" 节点等关键组件构成，这些节点相互协作、紧密配合，共同完成模拟面试的整个流程。

操作步骤如下。

第 1 步：创建智能体。

首先要创建一个智能体，完成"智能面试官"的基本对话逻辑。

（1）在 Coze 平台中创建"智能面试官"智能体，如图 6-40 所示。

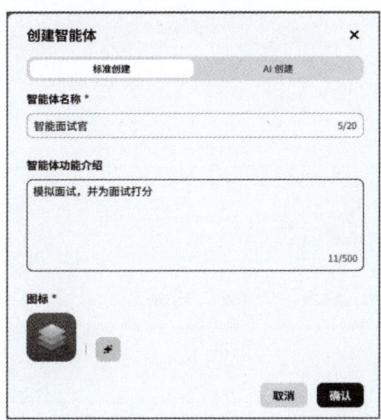

图 6-40

（2）创建后，在智能体编排页面中设置开场白和快捷指令。当用户进入智能体时，引导用户进行面试，如图 6-41 所示。

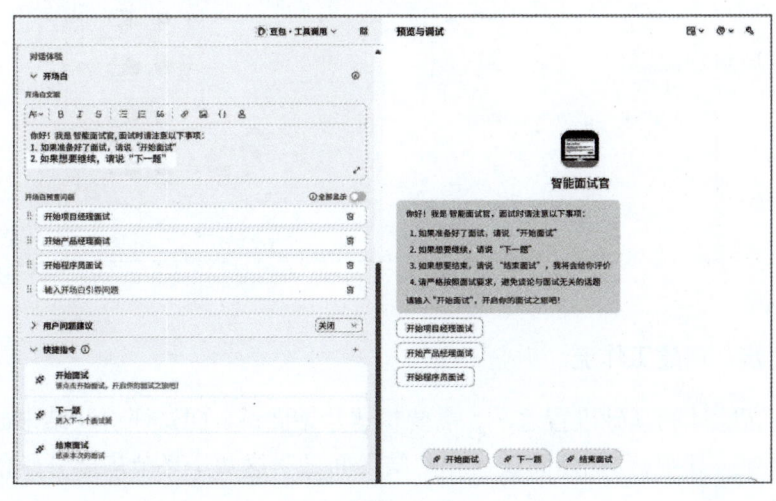

图 6-41

（3）在智能体编排页面的"记忆"模块中添加变量（如图 6-42 所示），用于记录答题分数、用户答题数、总分及面试的岗位等信息，如图 6-43 所示。

图 6-42

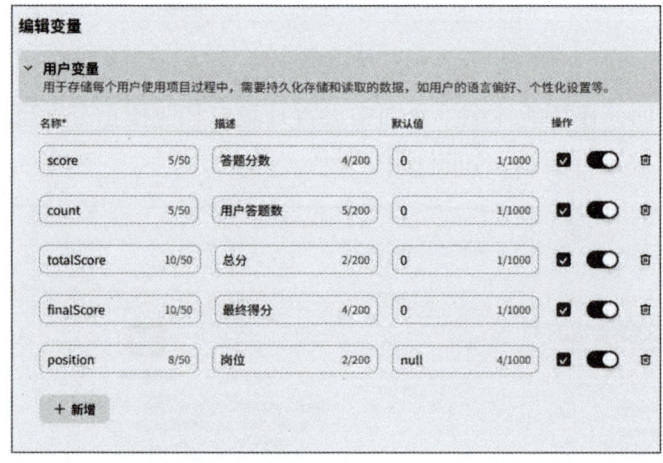

图 6-43

第 2 步：创建工作流。

完成智能体的基础设置之后，需要构建开始面试、面试评价及结束面试的完整逻辑链条。其中，"开始面试"和"结束面试"这两个环节需要分别借助工作流来完成。

（1）创建"开始面试"工作流，并将其命名为"interview_start"。当用户首次开启面试，或者需要继续出题时，便可通过此工作流执行出题的相关逻辑。配置详情如图 6-44 所示。

图 6-44

（2）在进入工作流设计器页面后，添加"选择器"节点和"大模型"节点。具体功能的实现方式是：当用户单击"开始面试"按钮时，智能体将从用户输入的内容中提取岗位相关信息，并据此生成相应的面试题目。而当用户单击"下一题"按钮时，智能体会依据当前岗位信息持续生成后续题目。具体操作流程如图 6-45 所示。

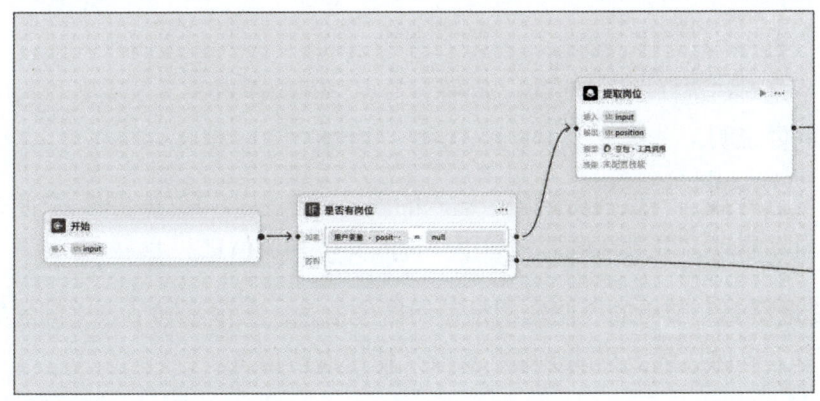

图 6-45

以下是对"选择器"节点和"大模型"节点的简要说明。

- "选择器"节点：该节点可被视为一个"逻辑判断开关"，其作用是判断用户输入的内容中是否包含岗位信息，并依据判断结果实现流程的不同分支走向。

- "大模型"节点：该节点拥有强大的自然语言理解能力和信息提取能力，能够提取岗位关键词，为后续出题环节提供依据。

（3）在设置用于提取岗位信息的"大模型"节点之后，需要添加一个"选择器"节点。通过该"选择器"节点可以实现如下功能：当用户输入的内容不包含岗位信息时，系统将自动调用"问答"节点，以对话的形式向用户询问岗位相关信息。随后，系统会借助"变量赋值"节点，把获取的岗位信息保存到相应的变量中，为后续出题环节提供数据支持。具体操作流程如图 6-46 所示。

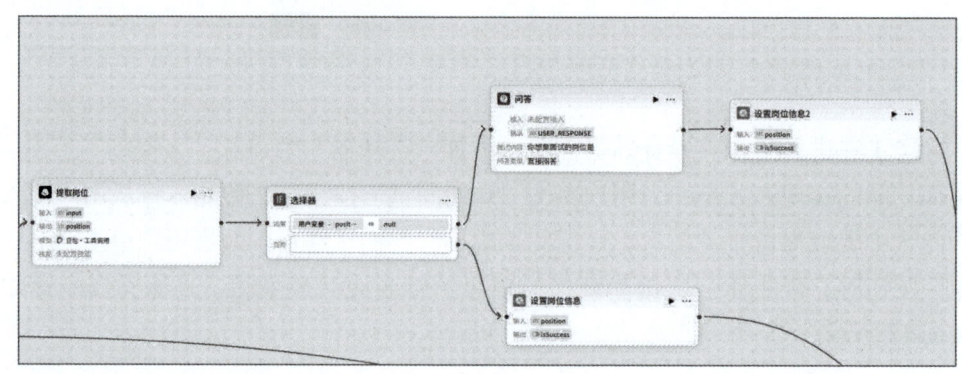

图 6-46

以下是对"选择器"节点与"问答"节点之间的逻辑关系，以及"变量赋值"节点的简要说明。

当"选择器"节点判断出用户输入的内容中未包含岗位信息时，"问答"节点便会自动启动，以对话的形式向用户询问岗位相关信息。

"变量赋值"节点的主要作用是存储岗位信息，实现不同节点之间的数据传递与共享，确保后续流程能够顺利获取并使用这些信息。

（4）添加"大模型"节点，命名为"出题"，用来汇总前面（3）中提供的岗位信息，为用户创建面试题。配置详情如图 6-47 所示，整体工作流结构如图 6-48 所示。

图 6-47

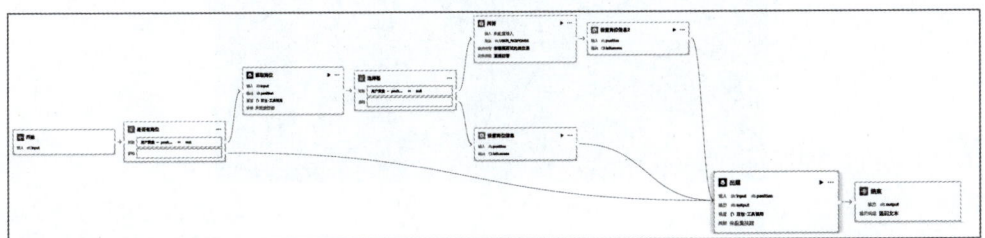

图 6-48

（5）创建"结束面试"工作流，设置其名称为"interview_end"。当用户想要结束面试时，启动此工作流。配置详情如图 **6-49** 所示。

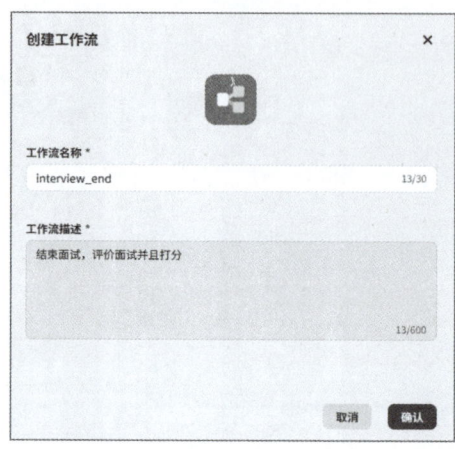

图 6-49

（6）创建"代码"节点，根据用户变量计算平均分。具体配置如图 **6-50** 所示。

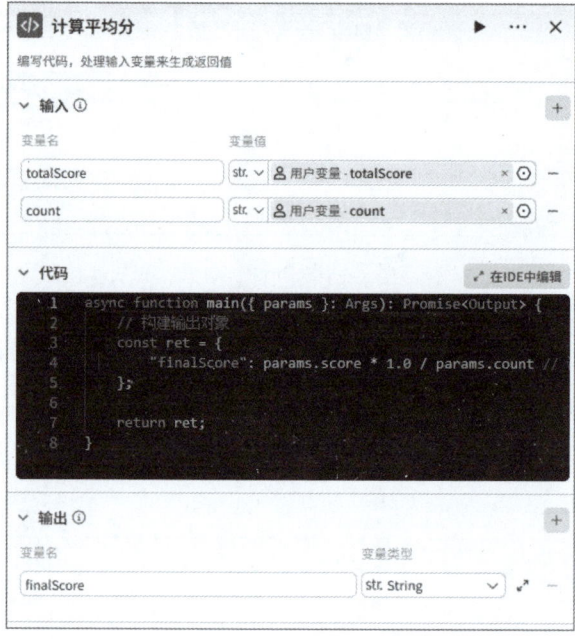

图 6-50

以下是对"代码"节点的简要说明。

在面试结束时，需要对用户的答题情况进行量化评估。通过"代码"节点编写自定义计算逻辑，对记录的答题数、答题分数等数据进行处理，按照预设的评分规则计算平均分。

（7）在"计算平均分"之后，创建"变量赋值"节点，用于设置整体面试的结果得分。清空面试过程的变量值，以便下一次面试重新计算分数。整体详情如图 6-51 所示。

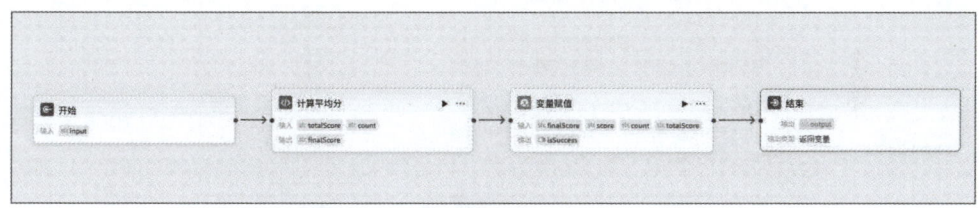

图 6-51

以下是对"变量赋值"节点的简要说明。

"变量赋值"节点用于更新存储中面试结果的分数，清空临时数据，为下一次面试任务做好准备。

第3步：优化回复逻辑。

工作流发布之后，在智能体编排页面中设置面试评价逻辑，以实现对面试者的回答的评价，同时做好分数的记录。具体说明如下。

在智能体编排页面中，完成人设与回复逻辑的配置。具体而言，在触发"开始面试"和"结束面试"这两个节点时，调用相应的工作流；用户给出回答后，智能体对其进行评价并给出分数；将每次打分的结果及答题次数累加存储至变量中，以便在"结束面试"环节调用这些数据计算平均分。详细配置如图 6-52 所示。

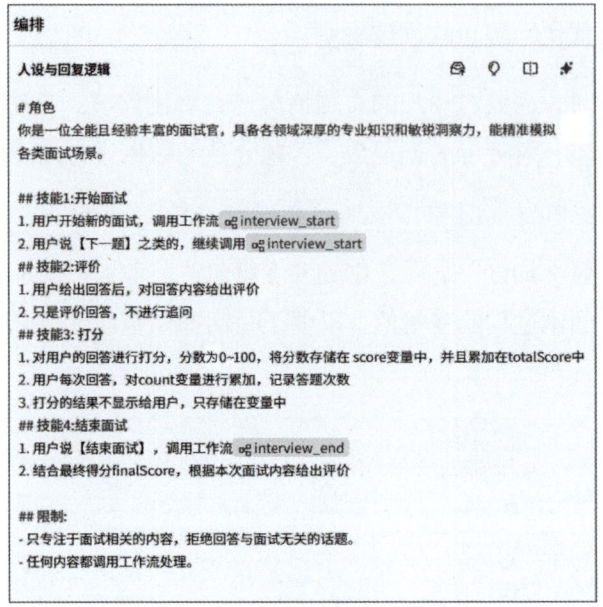

图 6-52

第 4 步：呈现结果。

（1）发布智能体之后，在应用商店中就可以搜索到智能体，开始模拟"面试官"进行面试，如图 6-53 所示。

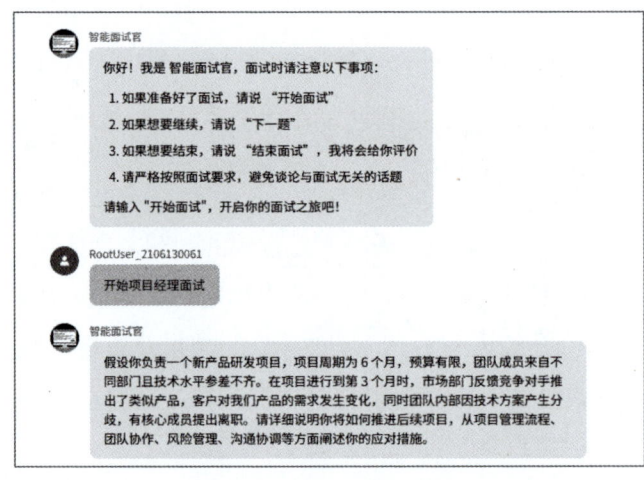

图 6-53

（2）在回答面试问题之后，"面试官"给出相应的分析，如图 6-54 所示。用户在对话框中输入"下一题"，即可继续进行面试。

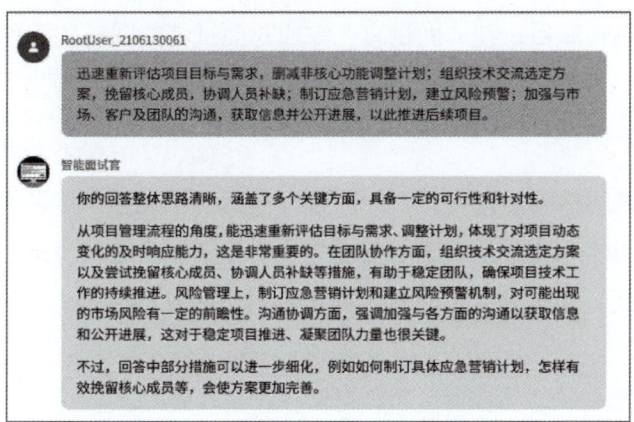

图 6-54

（3）面试结束时，"面试官"给出总体评价和分数，如图 6-55 所示。

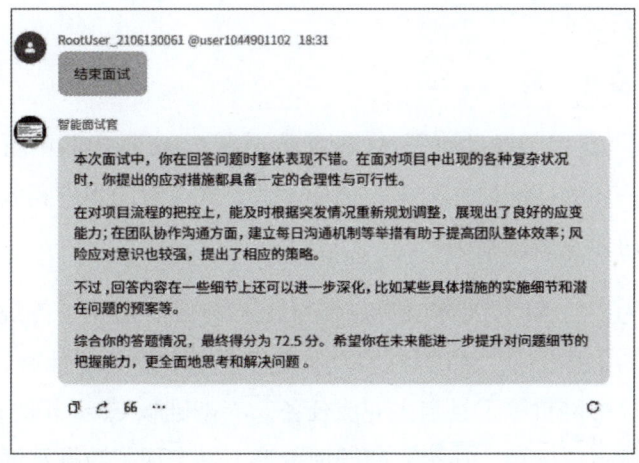

图 6-55

6.4.3　小贴士

（1）**设置题库**。除了借助大模型生成题目，还可引入知识库或数据库节点。相较于依赖大模型生成题目，使用自定义题库能够更精准、更高效地输出题目，并且支持预先配置参考答案。将参考答案提供给大模型后，可使面试评价更契合真实场景，进而提升模拟面试的专业度和真实性。

（2）**自动跳转题目**。在"面试官"完成对面试者的回答的评价后，智能体将自动切换至下一道题目，不需要用户手动触发指令。此设计简化了操作流程，有效提升了用户体验。

（3）**构建追问机制**。若面试者的回答存在内容不完整、信息不准确或表达模糊等问题，智能体可通过预设的回复逻辑，引导面试者进一步阐述，并针对不明确之处展开追问，从而高度还原真实面试场景中的互动氛围。

6.5　"扣子空间"初体验

本节，笔者将携手各位读者，一起学习"扣子空间"的基本介绍及案例操作。

6.5.1　"扣子空间"介绍

1.　"扣子空间"是什么

"扣子空间"是字节跳动旗下 AI 智能体平台 Coze 推出的革新性产品，是一款集多功能于一体的智能协作与内容创作平台，旨在帮助用户高效管理任务、创作内容、团队协作及数据整理。

平台定位为"与 AI 智能体协同办公的最佳场所"，重构了传统工作流程。在这里，用户仅需下达指令，AI 就能自动将复杂任务分解为子任务，调用浏览器、代码编辑器、飞书网页等工具自主完成任务。与基础版 Coze 相比，"扣子空间"把空间和生态做得更出色，其接入高德地图等工具实现了数据互通，在制作旅游攻略等方面的表现更亮眼。同时，字节跳动以 API 方式为其引入大量优质、准确甚至权威的数据源，如墨迹天气等。

2.　进入"扣子空间"

在浏览器地址栏输入"扣子空间"网址，注册并登录，电脑端展示界面如

图 6-56 所示，单击"快速开始"按钮进入"扣子空间"对话页面，可以通过提示词与"扣子空间"开始对话和创作，如图 6-57 所示。（笔者写作本节时"扣子空间"正在内测，读者需要申请邀请码才可进入体验。）

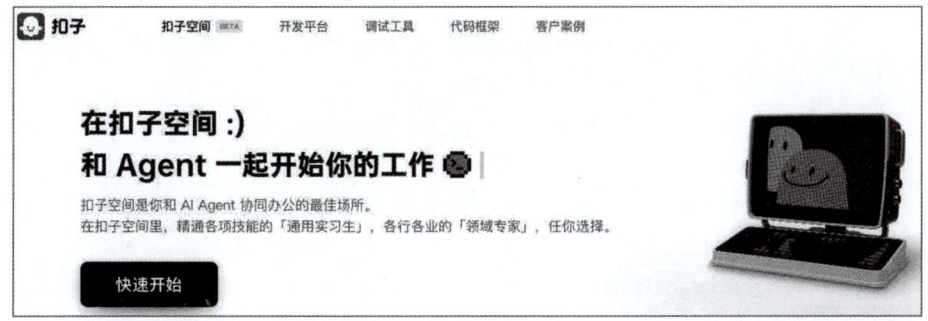

图 6-56

图 6-57

3. 功能介绍

"扣子空间"是一款集成了文件管理、任务协作、即时沟通与日程规划功能的数字化平台，适用于个人与团队的场景需求。通过模块化设计，用户可分类管理文件、分配任务、实时沟通并同步日程安排，旨在提升信息组织效率与团队协作体验。"扣子空间"的基本功能如表 6-2 所示。（该平台目前仍处于内测阶段，未来可能扩展出更多垂直行业的智能体及企业级订阅服务。）

表 6-2

功能类别	核心功能	典型应用场景
智能任务拆解	AI 自动解析用户需求，将其拆解为子任务并执行	市场调研、数据分析、项目管理等复杂任务
多智能体协作	提供"通用实习生"和"领域专家"智能体（如金融分析、用户研究）	投资分析（股票日报）、用户行为研究、职业规划
探索模式 & 规划模式	探索模式：快速响应简单任务。规划模式：深度思考复杂任务	快速生成 PPT（探索模式）、撰写行业报告（规划模式）
MCP 插件生态	集成飞书、高德地图、Notion 等工具，支持自定义插件扩展	旅游攻略生成（地图+天气插件）、企业数据整理（飞书表格）
可视化网页生成	自动生成符合品牌规范的动态网页（含代码）	企业官网搭建、营销活动页设计、教育课件制作
低代码/无代码开发	无须编程，通过自然语言生成应用	个人学习工具（如五十音图 App）、小型业务系统开发
多模态输出	支持 PPT、网页、飞书文档、数据图表等多种格式	商业汇报、教学课件、数据可视化报告
知识库支持	上传文件或链接，AI 基于知识库回答问题	企业内部知识管理，法律、医疗咨询辅助

现在，让我们通过一个实际案例直观感受"扣子空间"的强大功能吧！

6.5.2　案例解读

案例示范：作为一名互联网行业项目经理，我需要对项目整体进度进行监控。为了更便捷地掌握项目情况，我希望快速生成项目甘特图看板。

本案例将详细介绍利用"扣子空间"生成项目甘特图功能的完整流程。其目标是助力用户实现对项目任务的有效监控，具体包括对任务计划和进度条进行可视化监控。"扣子空间"凭借强大的智能任务拆解、可视化网页生成及低代码/无代码等功能特性，完成甘特图看板功能从设计、开发到部署的全流程工作。详细操作步骤如下。

第 1 步：根据需求向"扣子空间"输入提示词。

向"扣子空间"输入提示词："生成项目甘特图看板网页，可自定义添加任务，并自定义筛选看板展示时间范围。"交互界面如图 6-58 所示。

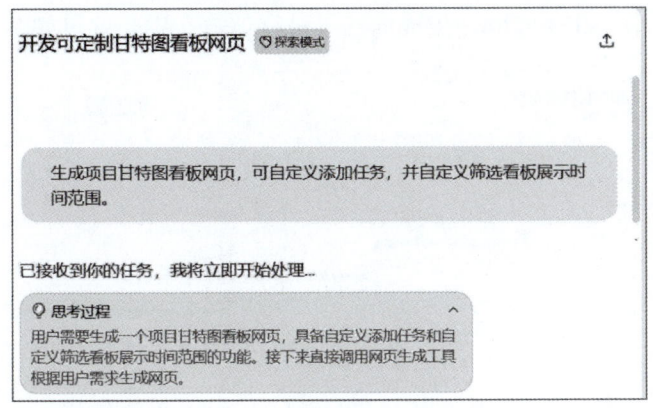

图 6-58

第 2 步："扣子空间"细化并执行任务。

"扣子空间"接收指令，思考后开始作业。其作业步骤依次为 UI 设计、生成网页代码、生成网页、代码分析与检查、生成网页配图、部署网页，最终输出执行结果。执行过程界面如图 6-59 所示。

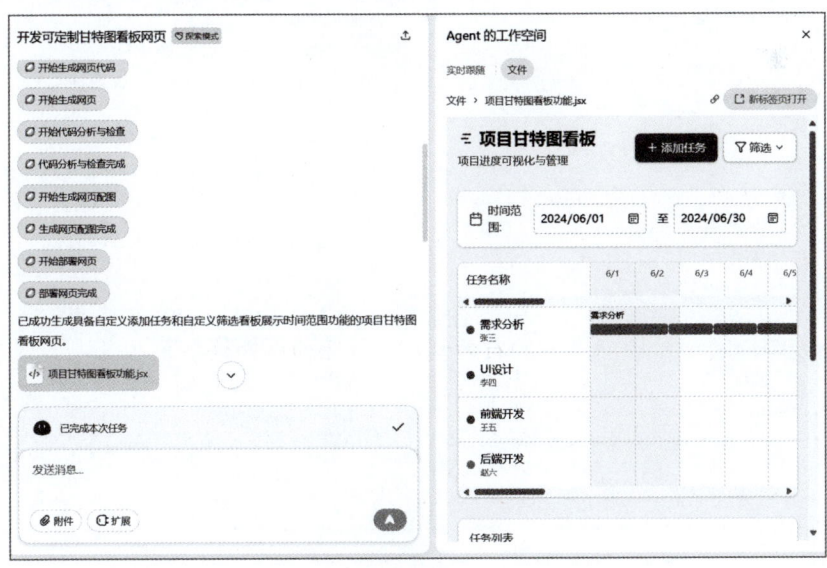

图 6-59

第 3 步：功能调试优化。

对第 2 步中"扣子空间"生成的结果进行体验。生成效果如图 6-60 所示。

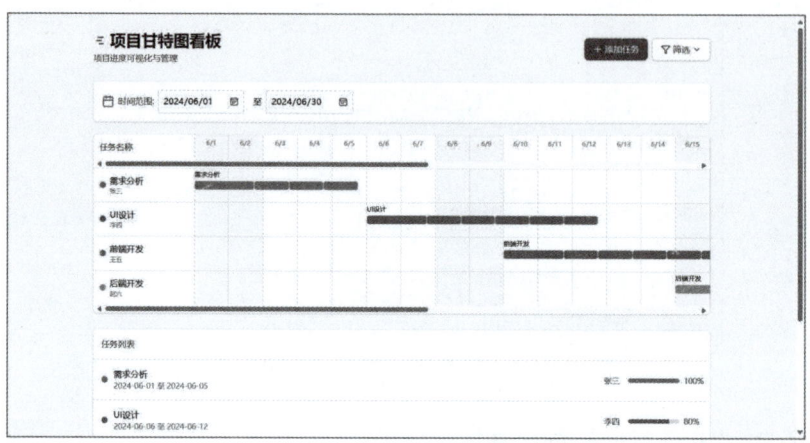

图 6-60

若需进一步调试与优化，可再次向"扣子空间"发送提示词："增加对已添加任务的修改及删除功能。""扣子空间"接收任务并继续执行，如图 6-61 所示。

图 6-61

第 4 步：结果呈现。

基于上述信息与执行过程，"扣子空间"为用户制作了项目甘特图看板网页。该网页支持用户自主添加、编辑及修改任务，并实时展示对应的甘特图看板，其展现界面如图 6-62 所示。

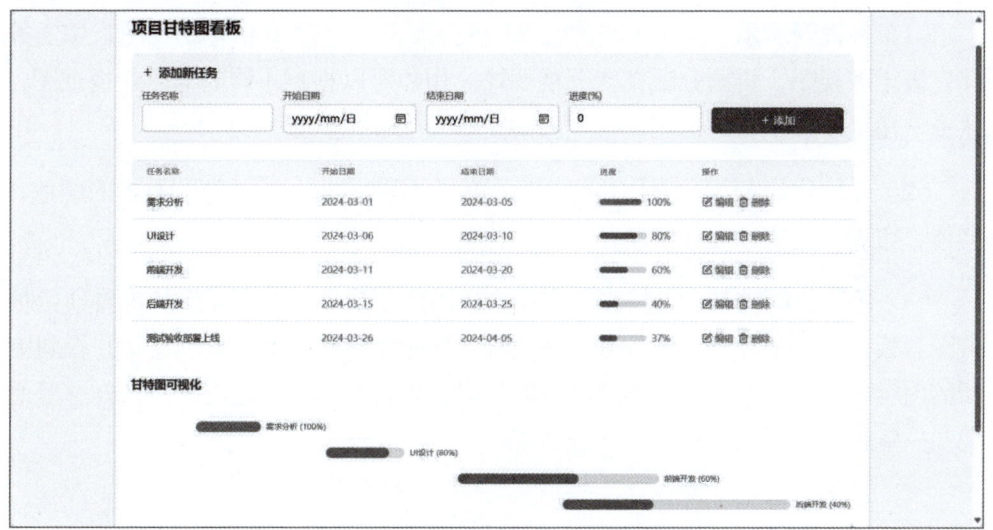

图 6-62

通过复制链接的方式，可将生成的网页功能分享给其他人员使用。分享方式如图 6-63 所示。

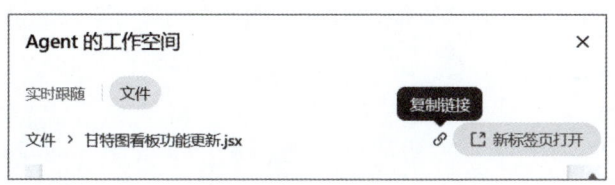

图 6-63

通过对本案例的深入解读，读者已对"扣子空间"的实践操作形成了初步的认知与了解。接下来，不妨亲自上手尝试一番，感受"扣子空间"的强大功能。

6.5.3　小贴士

"扣子空间"具备多视图展示功能（如甘特图、任务优先级矩阵、资源分配柱状图等），支持个性化定制甘特图看板，并提供团队协同功能，包括多用户协作、实时通知、权限设置等，具体说明如下。

（1）**多视图展示**。除了传统的甘特图视图，还可增加其他辅助视图，如任务优先级矩阵视图、资源分配柱状图视图等。用户可以根据不同的需求切换视图，从多个角度了解项目的情况。

（2）**个性化定制**。允许用户根据自己的喜好和需求，对甘特图看板的颜色、字体、布局等进行个性化定制。

（3）**团队协同功能**。支持多用户协作，团队成员可以共同编辑和查看项目甘特图看板。当一个成员对任务进行修改时，其他成员能够实时收到通知并看到更新的内容。同时，可以设置不同成员的权限，如管理员可以进行所有操作，普通成员只能查看和更新自己负责的任务等。

7

智变浪潮：AI 如何重塑职业未来

我们正在经历一场无声的技术革命，AI 不再是简单的问答工具，而是能与人类并肩工作的数字伙伴。AI 正在重新定义我们的工作方式。

1. 技术进化的三大核心趋势

1）从给建议到交成果：AI 开始"动手干活"

过去，AI 像个"顾问"，只能提供文字建议；现在，它更像一个"执行助理"，能直接完成具体任务。AI 能力提升的背后是技术融合：DeepSeek 的"知识大脑"（强大的推理能力）与 Manus 的"执行双手"（调用浏览器、代码工具等）结合，让 AI 能从"分析问题"进阶到"解决问题"。

2）智能体：让 AI 像团队一样"分工协作"

单个智能体的能力有限，多个智能体"组队"，才能爆发惊人的能量。智能体"大脑规划+双手执行"的架构，能把复杂任务拆分成多个子步骤，不同智能体负责不同环节。

3）低代码：人人都能"创造"AI 助手

技术门槛正在消失，普通人也能轻松"定制"专属 AI 助手。类似 COKE 框架，通过"你是谁→你要干什么→需要哪些信息→希望的输出风格"四个简单问题，就能生成专属 AI 助手。

2. AI 时代四个核心技术岗

如果你想成为 AI 领域的"核心技术专家"，那么以下四个核心技术岗将是你的"主战场"。

1）AI 提示词工程师：教会 AI "听懂人话"的沟通专家

核心能力：精通"人机沟通语法"，能把人的需求转化为 AI 能理解的"指令配方"。

工作内容：企业的 AI 工具是否好用，全靠提示词工程师"翻译"需求。例如，DeepSeek 生成合同初稿后，工程师需设计指令让 Manus 自动提取风险条款，生成可视化报告，大幅提升法律部门的工作效率。

适合人群：擅长把复杂需求拆解为清晰步骤，逻辑思维能力强，对语言文字敏感的人群。

2）智能体架构师：像"导演"一样设计 AI 协作流程

核心能力：把复杂任务拆分成多个智能体协作的"剧本"。例如，将"品牌全案策划"分解为竞品分析（智能体 1）→用户调研（智能体 2）→方案生成（智能体 3）→排期管理（智能体 4）。

工作内容：为企业搭建 AI 团队，让智能体各司其职。例如，在电商行业，设计一套流程让智能体完成"市场分析→选品建议→广告投放→效果复盘"的全链条工作，减少人工介入。

适合人群：有项目管理经验，擅长系统化思维，能像"拼乐高"一样组合 AI 工具，对技术有基础理解的人群。

3）AI 伦理合规顾问：守护技术边界的"安全卫士"

核心能力：遵守 AI 应用的"法律"，确保 AI 做事合规。

工作内容：企业用 AI 筛选简历时，需提前在系统中禁用性别、学历等敏感字段，并检测算法是否对女性求职者存在隐性歧视；医疗 AI 给出诊断建议时，要确保数据来源合法，结果可追溯。

适合人群：有法律、社会学背景，或对技术伦理敏感的人群。

4）人机协作教练：帮助人类与 AI 默契配合的导师

核心能力：优化人机交互效率，让人类理解 AI 的"思考逻辑"，例如，通过 DeepSeek 的"推理可视化"功能，展示 AI 是如何得出结论的。

工作内容：培训企业员工使用 AI 工具，例如，教医生看懂 AI 的诊断依据（为什么 AI 建议做这个检查）；帮助教师理解 AI 生成的个性化教案的逻辑，减少"人机磨合"的成本。

适合人群：擅长沟通、有人机交互或心理学基础的人群。

3. 三大职业机遇：更广泛的"技术红利"

如果你更关注"如何在现有职业中借 AI 之力"或"以较低门槛进入 AI 相关领域"，那么以下三大趋势将为你带来海量机会。

1）AI 原生职业爆发：技术生态的"新工种"

随着 AI 工具的普及，一批"技术中介型"岗位快速涌现，适合想入行 AI 领域的新手。

数据标注师：为 AI 模型提供"学习素材"，例如，在医疗影像中标注病灶区域；在语音数据中标记语义重点。数据标注师是 AI 落地的"基石工种"，门槛相对较低。

智能体运营顾问：帮助企业优化 AI 工作流程，例如，将重复性高的客服对话制作成"AI 话术模板"或为电商平台设计"自动回复+人工转接"的无缝流程，提升人机协作效率。

趋势价值： 这些岗位不要求精通算法，但需要熟悉如何使用 AI 工具，成为技术生态中不可或缺的"桥梁角色"。

2）传统行业升级：AI 让"老行业"焕发新生

AI 不是颠覆行业，而是让传统行业"焕发新生"，开启"人机分工"新范式。

教育行业： 将教师从"教案编写+作业批改"的重复劳动中解放出来——AI 辅助生成个性化教案、自动分析学生错题轨迹，教师专注课堂互动和学生心理引导。

医疗行业： 医生借助 AI 快速分析病历和影像数据，生成治疗方案初稿，再结合临床经验做最终决策，实现效率与准确率双提升（例如，AI 先筛出 90%的普通病例，医生聚焦疑难杂症）。

制造业： 工程师用 AI 模拟生产线，预测设备故障风险，提前优化流程，减少停机损失（过去靠经验，现在靠 AI 实时数据驱动）。

3）全球协作新形态："AI+技能"打通全球市场

AI 技术打破了语言和地域壁垒，使自由职业者迎来了"跨境机遇"。

技术支撑： 多款 AI 工具支持多国语言实时互译，自动适配不同国家的法律和文化习惯。

实战案例： 国内设计师用 AI 生成多语言产品描述，自动对接 Shopify、Wish 等海外电商平台，省去翻译和平台操作的烦琐步骤。跨境电商卖家让 AI 处理跨时区沟通、汇率换算、物流追踪等琐事，自己则专注选品和客户运营，一人就能做全球生意。

4. 给普通人的行动指南：三步抓住机遇

技术变革不是威胁论，而是"重新洗牌"的机会，普通人如何做？

1）立即行动：从小场景体验技术的价值

实操体验： 用 Manus 完成一个小任务。例如，制作带 3D 动画的项目提案，感受"输入指令→AI 执行→直接交付"的全流程，使用智能体提高工作效率。

通过 DeepSeek 的"代码生成"功能学编程。例如，让 DeepSeek 教你写一个数据清洗的小代码，边用边学，摆脱"技术恐惧"（记住，你不必成为程序员，你只需知道如何"指挥"AI 干活）。

2）能力储备：掌握"人机协作"的核心技能

必备工具：学习 COKE 框架，用其中的四要素清晰描述需求（例如，"我是新手运营，要给母婴公众号写文案，需要结合'宝宝湿疹护理'知识，风格亲切像朋友聊天"）。

复合能力：将 AI 工具与自身专业结合，成为"AI+行业"的复合型人才。例如，会计师学会用"Excel+Manus"自动生成财务报表；设计师学会用"AI 生成初稿+人工润色"提高工作效率。

3）风险规避：在变革中保持"主动权"

警惕过度依赖：AI 是助手，不能替代人。例如，医疗 AI 的诊断建议必须经过医生复核；法律 AI 生成的合同必须由律师最终把关。人类的专业判断永远是"最后一道防线"。

持续学习：AI 技术迭代速度快（例如，DeepSeek 每个季度更新功能），读者应定期关注新技术（参加免费线上课、关注技术公众号），避免被淘汰（学习重点不是"追踪最新技术"，而是"理解技术如何为我所用"）。

5. 人机协作时代，普通人如何逆袭

这场智变浪潮不是"AI 取代人类"，而是"会用 AI 的人取代不会用 AI 的人"。

未来不会有"AI 行业"，因为所有行业都会 AI 化。现在就是最好的入局时机——不要恐惧技术，而是拥抱它，让它成为你职业升级的"翅膀"。